Suman Ambawat

Alterações na qualidade do arroz cozinhado por diferentes métodos

Suman Ambawat

Alterações na qualidade do arroz cozinhado por diferentes métodos

Efeito dos métodos de cozedura nas qualidades nutricionais, sensoriais e de cozedura das variedades de arroz

ScienciaScripts

Cover image: www.ingimage.com

This book is a translation from the original published under ISBN 978-620-2-05283-2.

Publisher:
Sciencia Scripts
is a trademark of
Dodo Books Indian Ocean Ltd. and OmniScriptum S.R.L publishing group

120 High Road, East Finchley, London, N2 9ED, United Kingdom
Str. Armeneasca 28/1, office 1, Chisinau MD-2012, Republic of Moldova, Europe
Printed at: see last page
ISBN: 978-620-7-70383-8

Dedicado a
Os meus queridos pais

ÍNDICE

AGRADECIMENTOS

Aproveito este privilégio para exprimir o meu profundo sentimento de gratidão e obrigação para com a minha estimada Conselheira Principal, Dra. (Sra.) Pinky Boora, Professora, Departamento de Alimentação e Nutrição, pela sua orientação hábil e hábil, encorajamento contínuo, interesse permanente, sugestões construtivas e valiosas ao longo do curso desta investigação. Foram os seus estímulos intelectuais, o seu apoio maternal, o seu comportamento afetuoso e os seus esforços para fazer face à dor que me ajudaram durante todo o período do meu trabalho de investigação e preparação do manuscrito. Não há palavras que possam expressar adequadamente os meus sentimentos por ela.

É com imenso prazer que estendo o meu profundo sentimento de reverência e gratidão à minha Co-orientadora Principal, Dra. (Sra.) Neelam Khetarpaul, Professora do Departamento de Alimentação e Nutrição, pelas suas críticas construtivas, ajuda necessária e afeto, excelente atitude inspiradora, sugestões frutuosas, apoio moral e disponibilidade constante para me ajudar durante este estudo.

Estou extremamente grato a outros membros de elite do meu comité consultivo, o Dr. H.R. Singal, Professor, Departamento de Bioquímica, a Dra. (Sra.) Veena Manocha, Directora Conjunta, HRM, a Dra. (Sra.) Rajbala Grewal, Professora e Directora, Departamento de FST e o Dr. Chander Bhan, Professor e Diretor, Departamento de Química e Física, pelas suas sugestões críticas e imensa ajuda ao longo da realização deste estudo.

Gostaria de exprimir os meus sinceros agradecimentos ao Dr. S.K. Sharma e ao Dr. R.S. Malik, Cientistas Sénior do Solo, Departamento de Ciência do Solo, pelos valiosos conselhos e cooperação e ao Sr. Ramniwas pela ajuda prestada durante a estimativa dos minerais.

Os meus sinceros agradecimentos são também devidos à Dra. (Sra.) Asha Kawatra, Professora e Directora do Departamento de Alimentação e Nutrição, pela sua ajuda sempre disponível durante a realização deste trabalho. Estou muito grato ao restante pessoal docente e não docente do Departamento de Alimentação e Nutrição pela sua ajuda atempada na realização deste estudo.

As palavras nunca poderão expressar a minha gratidão para com os membros da minha família, cujo amor infinito, afeto, apoio incansável e bênçãos eternas me trouxeram até aqui. Expresso a minha sincera gratidão ao meu pai, Dr. Jagdev Singh, por ter dado sugestões valiosas, motivação, ajuda constante e apoio. Ele tem sido uma fonte indefinida de inspiração e um pilar de força durante a realização deste estudo.

Tenho o prazer de agradecer às minhas amigas Mamta, Priyanka, Vandana, Deepika e a outros jovens e seniores pela sua agradável companhia e cooperação.

A ajuda financeira recebida sob a forma de bolsa de mérito atribuída pela CCSHAU, Hisar, é igualmente reconhecida na íntegra.

Acima de tudo, admiro o Todo-Poderoso, que sempre me agraciou com as suas bênçãos e me deu grande energia e entusiasmo para trabalhar.

Por último, mas não menos importante, estou grato a todos aqueles que me ajudaram direta ou indiretamente durante o meu curso.

SUMAN

CAPÍTULO - 1

INTRODUÇÃO

O arroz *(Oryza sativa* L.) é uma das culturas alimentares mais importantes do mundo e molda a vida de milhões de pessoas; mais de metade da população mundial depende do arroz para 80% das suas necessidades calóricas alimentares. A nível mundial, a produção anual foi de 466 milhões de toneladas de arroz e 699 milhões de toneladas de arroz paddy em 2010. Deste total, 90,4 por cento foi produzido nos países asiáticos. A Índia ocupa o segundo lugar a nível mundial na produção de arroz (94,1 milhões de toneladas, base branqueada), a seguir à China (FAO, 2011). Haryana é um importante estado produtor de arroz na Índia e é um dos principais contribuintes de arroz para a reserva central de grãos alimentares. A área, a produção e a produtividade do arroz no estado são de 1,245 mha, 3,475 m de toneladas e 2791 kg/ha em 2011 (www.agriharyana.nic.in), respetivamente.

Existem dois grandes tipos de arroz cultivado: o grosso e o fino. O basmati, o "príncipe do arroz", é uma dádiva da natureza ao subcontinente indiano. A supremacia do arroz basmati sobre os outros tipos de arroz é atribuída às suas combinações únicas e bem equilibradas de uma série de características, tais como grãos extra longos e esguios, aroma agradável e requintado, textura macia e fofa do arroz cozinhado, sabor doce, curvatura delicada com aspeto de contas e qualidade de cozedura fina com maior alongamento longitudinal (Hirannaiah *et al.,* 2001). Embora a produção de arroz basmati seja baixa quando comparada com outras variedades, o seu comércio está a aumentar. As variedades tradicionais de arroz basmati de alta qualidade têm um preço superior, ou seja, mais de três vezes superior ao do arroz não basmati, tanto na Índia como no mercado internacional. A Índia produz mais de 70% da produção mundial de arroz basmati e é o maior exportador de arroz basmati. Haryana, Punjab, Uttarakhand, Deli, Western Uttar Pradesh e J&K são os principais Estados produtores de arroz Basmati na Índia.

O arroz é conhecido como a rainha dos cereais devido ao seu valor nutricional e à sua maior digestibilidade. Contém amido como componente principal (80%) e proteína (8%) como o segundo componente mais elevado (Marshall e Wordsworth, 1994). As propriedades do amido são um fator importante para determinar a qualidade do grão e as suas características culinárias e alimentares. O amido do arroz é normalmente digerido muito rapidamente, em comparação com outros alimentos ricos em amido. A proteína do arroz é valiosa porque tem propriedades hipoalergénicas únicas e tem uma qualidade nutritiva elevada (rica no aminoácido essencial lisina) entre as proteínas dos cereais. Para além dos hidratos de carbono e das proteínas, fornece uma quantidade razoável de outros nutrientes, nomeadamente minerais e vitaminas como o fósforo, o cálcio, o magnésio, o potássio, o ferro, o zinco, o cobre, o manganês, a tiamina, a niacina e a riboflavina. Além disso, tem apenas um vestígio de gordura, sódio e glúten (Roy *et al.*, 2008).

O arroz é o principal alimento de base para cerca de 65% da população do país e, por conseguinte, um importante pilar da segurança alimentar da Índia. É utilizado principalmente a nível doméstico, onde é consumido como grãos intactos cozinhados. A forma e o tamanho do grão, o valor nutritivo, o aroma e as características de cozedura são importantes para avaliar a qualidade e as preferências do arroz de um grupo de consumidores para outro, pelo que a determinação das qualidades físicas, de cozedura e nutricionais é muito importante. Nas variedades basmati e não basmati, não só o sabor, mas também o comprimento médio de pré-cozedura, o aroma, o sabor, a cor, as características de cozedura, de consumo e de pastelaria são também considerados na determinação da qualidade (Normita e Cruz, 2002). Os caracteres de qualidade do grão estão inter-relacionados entre si, o que, por sua vez, determina as características finais de cozedura e de consumo. A qualidade de cozedura e o valor nutricional são determinados pelas variedades e pelas suas propriedades físico-químicas, em especial o teor de amilose, que é o principal fator determinante das qualidades de cozedura e de consumo do arroz. Em geral, considera-se que o arroz de alta qualidade é macio, fofo e ligeiramente húmido quando cozinhado, sendo estas qualidades proporcionadas por amidos com teor intermédio de amilose. Outras características importantes, como a taxa de absorção de água, a taxa de expansão do volume e o tempo de cozedura, determinam coletivamente as qualidades culinárias e alimentares do arroz.

O Estado de Haryana é conhecido pela sua variedade de arroz de melhor qualidade, Taraori Basmati, mas o seu potencial de produção é muito baixo. Com os esforços concertados dos criadores, foram desenvolvidas variedades de elevado rendimento, como a Improved Pusa Basmati-I e a CSR 30 no grupo basmati e a HKR 47 e a HKR 127 no grupo não basmati. O cultivo destas variedades é muito popular entre os agricultores do Estado. Os criadores desenvolveram também a variedade IRBB 60, que contém diversos genes de resistência ao BB. Estas variedades de arroz variam consideravelmente no que respeita às suas propriedades físico-químicas, características nutricionais e qualidades culinárias. No entanto, a informação sobre estes parâmetros das variedades acima mencionadas é muito escassa. Por conseguinte, a avaliação destas variedades em termos da sua qualidade sensorial e parâmetros nutricionais é da maior importância, uma vez que ajudará os criadores de plantas a desenvolver variedades melhoradas com uma qualidade de grão superior que poderá eventualmente satisfazer as necessidades dos consumidores.

As características culinárias, as qualidades sensoriais e a composição nutricional das variedades de arroz podem ser influenciadas pelos métodos de cozedura, dependendo das técnicas e condições, incluindo o tempo, a temperatura, a humidade, etc. Os métodos de cozedura domésticos mais utilizados incluem a cozedura normal e a cozedura sob pressão. Os métodos de cozedura húmidos, como a cozedura simples ou sob pressão, provocam principalmente a gelatinização do amido, o que afecta significativamente as características e a qualidade dos alimentos. No atual cenário de mudança da sociedade devido à globalização, os métodos de cozedura devem ser tais que exijam menos energia, um mínimo de trabalho manual, sejam pouco dispendiosos, assegurem uma perda mínima de nutrientes, o máximo valor estético do produto cozinhado e sejam amigos do ambiente. Além disso, uma vez que os recursos energéticos convencionais são limitados e se esgotam a um ritmo mais rápido, é necessário explorar a possibilidade de utilizar outros métodos, como o fogão solar e o micro-ondas, como método alternativo aos métodos de cozedura de rotina utilizados nos agregados familiares comuns. Em países tropicais como a Índia, deve ser utilizada a energia solar. O forno micro-ondas é outro aparelho revolucionário que está a ganhar popularidade nos lares modernos durante as últimas décadas (Arias *et al.,* 2003). Na cozedura por micro-ondas, os alimentos são cozinhados pelo calor de fricção produzido pela ação das micro-ondas sobre as moléculas de água, fazendo-as vibrar a alta velocidade. O método de cozedura por micro-ondas tem vantagens como um menor tempo de arranque, um aquecimento mais rápido, eficiência energética, aquecimento seletivo e controlo preciso do processo. No entanto, não se conhece o efeito dos métodos de cozedura convencionais e modernos no valor sensorial e nutritivo de importantes variedades de arroz basmati e não basmati do Estado. Tendo isto em conta, a presente investigação foi realizada com os seguintes objectivos

1. Analisar as propriedades físico-químicas e a composição nutricional das variedades de arroz.

2. Estudar o efeito dos métodos de cozedura na composição nutricional das variedades de arroz.

CAPÍTULO - 2

REVISÃO DA LITERATURA

Neste capítulo, a literatura relevante relacionada com os objectivos da presente investigação foi revista e apresentada sob os seguintes títulos:

2.1 Propriedades físicas dos grãos de arroz em bruto

2.2 Composição nutricional

2.2.1 Composição proximal

2.2.2 Fracionamento de solubilidade de proteínas

2.2.3 Hidratos de carbono

2.2.4 Digestibilidade *in vitro da* proteína e do amido

2.2.5 Minerais

2.3 Características de cozedura do arroz

2.4 Atributos sensoriais

2.1 Propriedades físicas dos grãos de arroz em bruto

O tamanho e a forma dos grãos estão entre os primeiros critérios de qualidade do arroz. Juliano (1990) registou um comprimento de 5,51 a 7,50 mm e uma relação L/B de 2,01 a 3,0 em 65 variedades de arroz. Khan e Reddy (1991) registaram grandes diferenças varietais no comprimento dos grãos, variando de 6,4 a 7,3 mm e a relação L/B de 2,6 a 4,0. Kumari e Padmavathi (1991) relataram o comprimento máximo do grão (6,36 mm), a largura do grão (2,11 mm) e a relação comprimento/largura (3,81) para variedades de arroz do tipo longo e delgado, curto e arrojado e longo e delgado, respetivamente.

Sarkar *et al.* (1994) referiram que o comprimento do grão, a largura e a relação L/B variavam entre 6,38 e 6,98 mm, 1,77 e 2,10 mm e 3,04 e 3,86 nas variedades de arroz perfumado e 6,40 e 7,07 mm, 2,09 e 2,17 mm e 3,06 e 3,26 nas variedades de arroz não perfumado, respetivamente. Suriyamoorthy e Pillaiyar (1994) registaram o comprimento máximo (7,90 a 10,33 mm) para as variedades superfinas, a largura (2,60 a 3,92 mm) para as variedades grossas e a relação comprimento/largura (3,16 a 4,10) para as variedades de arroz superfino.

Singh *et al.* (2000) categorizaram o arroz de acordo com o comprimento e a forma do grão e relataram que o comprimento do grão >7,7 mm é extra longo, 6,61 a 7,5 mm é longo, 5,51 a 6,60 mm é médio e <5,5 mm é curto. A forma do grão é delgada se a relação L/B for >3,0, média se a relação L/B for de 2,1 a 3,0, arrojada se a relação L/B for de 1,0 a 2,0 e redonda se a relação L/B for <1,0.

Pandey *et al.* (2000) registaram 4,21 a 7,57 mm de comprimento e 2,20 a 4,17 de relação L/B para 18 variedades de arroz aromático. Hirannaiah *et al.* (2001) registaram 6,4 a 7,4 mm de comprimento e 1,7 a 1,8 mm de largura para três variedades de arroz aromático. O comprimento, a largura e a relação L/B variaram de 6,74 a 7,10 mm, 1,65 a 1,78 mm e 3,84 a 4,08 em basmati (Ram, 2000) e de 3,6 a 6,5 mm, 1,7 a 3,7 mm e 1,3 a 3,6 em variedades de arroz fino (Dipti *et al.*, 2002), respetivamente.

Nas variedades de arroz branqueado basmati e não basmati, o comprimento e a largura variaram de 5,85 a 8,25 mm e 1,65 a 2,93 mm, respetivamente (Yadav *et al.*, 2007). De acordo com Kamath *et al.* (2008), os valores médios de comprimento, largura, espessura, relação L/B e peso de 1000 grãos foram de 7,32 mm, 1,75 mm, 1,59 mm, 4,18 e 16,0 g nas variedades de arroz basmati, respetivamente. O rácio L/B variou de 2,08 a 4,85 em variedades de arroz aromático (Bhonsle e Krishnan, 2010) e de 2,02 a 2,86 em variedades de arroz tolerantes ao sal cultivadas tradicionalmente (Bhonsle e Krishnan, 2011).

Saikia e Bains (1990) registaram 1000 kernel wt., relação L/B, densidade verdadeira, densidade aparente e porosidade na gama de 11,40 a 21,65 g, 2,43 a 2,90, 1,41 g/ml, 0,81 a 0,83 g/ml e 40,92 a 42,41 por cento em três variedades de arroz de Assam. Considerando que, em seis variedades de arroz de Himachal Pradesh, esses caracteres variaram de 17,10 a 23,10 g, 2,20 a 3,65, 1,33 a 1,41 g/ml, 0,79 a 0,86 g/ml e 37,04 a 41,48 por cento, respetivamente (Singh *et al.*, 1998).

Kumar *et al.* (2003) observaram que o comprimento variava de 4,6 a 7,7 mm, a largura de 1,4 a 2,4 mm, a espessura de 1,2 a 1,6 mm, a relação L/B de 1,91 a 5,13, a densidade aparente de 0,76 a 0,81 g/ml, a densidade real de 1,4 a 1,51 g/ml e a porosidade de 43,75 a 52,18 por cento em grãos moídos de sete variedades de arroz aromático. Khatoon e Prakash (2007) referiram que, em quatro tipos diferentes de variedades de arroz, a relação L/B variava entre 2,21 e 4,12, 1000 kernel wt. 16,52 a 17,32 g, densidade aparente 0,781 a 0,860 g/ml, densidade 1,327 a 1,427 g/ml e porosidade 35,15 a 45,28 por cento. A variedade indígena ofada da Nigéria e o arroz aroso estrangeiro diferiram significativamente no tempo de cozedura, na capacidade de inchamento e no peso do grão (Ebuehi e Oyewole, 2007).

2.2. Composição nutricional

A composição química reflecte diretamente a qualidade nutricional e culinária do arroz. A composição química e as propriedades do arroz branqueado são diretamente influenciadas pelas características varietais e pelos métodos de cozedura. Cameron *et al.* (2008) referiram que as características químicas do arroz variavam consoante a variedade, o local e o ano de colheita.

2.2.1Composição proximal

Sotelo *et al.* (1990) determinaram a composição proximal de doze variedades de arroz Maxican. A proteína variou de 6,9 a 11,6, a gordura bruta de 0,6 a 1,5, a cinza de 0,4 a 1,0 e a fibra bruta de 0,4 a 1,3 por cento. Saikia e Bains (1990) registaram um baixo teor de proteínas (6,0 a 6,7%) e um teor mais elevado de gordura (1,07 a 1,74%) em três variedades de arroz de Assam. Firmin (1991) analisou quinze variedades de arroz e verificou que o teor de proteínas variava entre 6,1 e 8,57, a humidade entre 9,0 e 12,5 e as cinzas entre 0,56 e 1,80 por cento.

Hsieh *et al.* (1993) estimaram que, nos grãos de arroz, a humidade, a proteína, a gordura e as cinzas eram em média 12,0, 7,8, 0,4 e 0,4 por cento, respetivamente, e a fibra variava entre 0,3 e 0,7 por cento. Eggum *et al.* (1994) examinaram cinco linhas diferentes de arroz e encontraram uma proteína bruta mais elevada de 7,53%.

Awan (1996) registou teores de humidade, cinzas, proteínas e fibras na ordem dos 7 a 11, 0,57 a 0,82, 7,38 a 8,13 e 0,20 a 0,35 por cento em cinco variedades de arroz fino e uma de arroz grosso, respetivamente. Tufail (1997) registou cinzas na gama de 0,55 a 0,78 e gordura de 0,50 a 2,23 por cento em variedades de arroz. Os valores médios de proteína bruta, gordura e cinzas na farinha de arroz relatados por Sharma e Kheterpaul (1997a) foram 7,57, 0,78 e 0,38 por cento, respetivamente.

Singh *et al.* (1998) referiram que o teor de proteínas, cinzas e gordura do arroz branqueado variava entre 6,17 e 6,93, 0,57 e 0,96 e 0,61 e 0,95 por cento, respetivamente, em seis variedades de arroz de Himachal Pradesh. Goyal e Sharma (1998) estimaram que o teor de proteína bruta de algumas variedades de arroz indiano variava entre 6,66 e 7,87 por cento. Deka (1998) analisou as características nutricionais das variedades de arroz e referiu que o teor de humidade variava entre 11,15 e 11,29, as proteínas entre 7,86 e 8,41, a fibra bruta entre 0,46 e 0,92, a gordura entre 1,15 e 1,21 e as cinzas entre 0,96 e 1,14 por cento.

Dipti *et al.* (2002) registaram um teor de proteínas na ordem dos 6,9 a 8,6 por cento em seis variedades de arroz fino. Suwansri e Meullenet (2004) registaram um intervalo de 12,04 a 12,28, 6,02 a 8,67 e 0,15 a 0,55 por cento para os teores de humidade, proteína e gordura no arroz jasmim, respetivamente.

Cameron e Wang (2005) registaram a composição percentual de cultivares de arroz branqueado na gama de 6,6 a 9,3, 0,18 a 0,51 e 9,0 a 11,0 para proteína bruta, gordura bruta e teor de humidade, respetivamente. Singh (2005) relatou que a humidade, as cinzas, a fibra bruta, a gordura e a proteína bruta nas variedades de arroz basmati e não basmati variavam entre 10,77 e 12,07, 1,21 e 2,17, 0,57 e 1,14, 1,22 e 1,67 e 5,68 e 8,22 por cento, respetivamente.

Vidal *et al.* (2007) estimaram o teor de proteínas e cinzas no intervalo de 5,6 a 10,5 e 0,19 a 0,68 por cento em vinte e sete variedades de arroz, respetivamente. Shabbir

(2009) registou humidade, gordura, proteína, fibra e cinzas no intervalo de 9,59 a 11,18, 0,89 a 1,17, 6,38 a 7,20, 0,27 a 0,41 e 0,59 a 0,67 por cento, respetivamente, em quatro variedades de arroz. Os valores médios de humidade, proteína bruta, gordura, fibra bruta e cinzas das variedades de arroz foram de 11,50, 5,8, 2,5, 1,6 e 0,9 por cento, respetivamente (Oko e Onyekwere, 2010).

Begum e Bhattacharyya (2000) estimaram o teor de humidade de amostras cruas e cozinhadas de variedades de arroz entre 8,53 e 11,02 e 64,5 e 74,6 por cento, respetivamente, enquanto o teor de gordura variou entre 1,63 e 2,74 em amostras de arroz cru e 0,17 e 0,38 por cento em amostras de arroz cozinhado. Matsuzaki *et al.* (1992) registaram uma perda de 11 a 38% no teor de cinzas do arroz durante a cozedura.

De acordo com Sagum e Arcot (2000), os teores de proteína no arroz Doongara (cru: 8,6 g/100 g) e no arroz Inga (cru: 7,6 g/100 g) não apresentaram uma alteração significativa quando cozinhados (Doongara, cozido 8,2 g/100 g; cozido sob pressão, 8.3 g/100 g; Inga, fervido 7,5 g/100 g; cozido sob pressão, 7,5 g/100 g), exceto no arroz Japonica (cru: 7,4 g/100 g), em que se observou uma diminuição significativa quando fervido (6,8 g/100 g) e cozido sob pressão (6,7 g/100 g).

Khatoon e Prakash (2006) determinaram o teor de humidade, proteína, gordura e cinzas em quatro tipos diferentes de variedades de arroz cozinhadas com métodos de cozedura por micro-ondas e pressão. O teor de humidade das variedades de arroz cru variou entre 9,5 e 10,5 por cento. Não houve diferença significativa no teor de humidade do arroz cozinhado entre as variedades e também entre os métodos de cozedura, exceto na variedade de arroz Jeera cozinhado na pressão e no micro-ondas. O teor de proteínas das variedades de arroz cru e cozinhado variou de 7,5 a 11,6 e de 7,4 a 11,2 g/100 g, respetivamente. Verificou-se uma diferença significativa no teor de proteínas das duas variedades cozinhadas com os métodos de pressão e de micro-ondas. O teor de gordura das amostras cruas e cozinhadas foi de 0,5 a 0,6 e de 0,2 a 0,4 g/100g, respetivamente. A cozedura por ambos os métodos provocou uma diminuição significativa (20 a 60%) no teor de gordura das amostras, mas entre os métodos de cozedura não houve diferença significativa. O teor total de cinzas analisado situou-se entre 0,4 e 0,6 por cento. A cozedura provocou uma diminuição significativa do teor de cinzas, de 20 a 33%, no arroz BT e Gowri sanna, mas não no arroz Basmati e Jeera.

Ebuehi e Oyewole (2007) referiram que os teores de proteínas, gorduras, cinzas e fibra bruta variavam entre 6,95 e 7,30, 1,9 e 2,6, 0,53 e 0,80 e 1,5 e 3,5 no arroz cru, enquanto no arroz cozinhado os valores variavam entre 3,50 e 4,19, 1,8 e 2,3, 0,42 e 0,7 e 1,0 e 2,5 por cento, respetivamente.

2.2.2Fracionamento de solubilidade de proteínas

A proteína do arroz consiste em quatro fracções com diferentes solubilidades em solventes: albumina (solúvel em água), globulina (solúvel em sal), glutelina (solúvel em álcali) e prolamina (solúvel em álcool). A globulina (cerca de 12%) e a glutelina (cerca de 80%) são as duas principais proteínas, enquanto a albumina (cerca de 5%) e a prolamina (cerca de 3%) são as menores (Juliano, 1994).

Steenson e Sathe (1995) relataram que as fracções de albumina, globulina, prolamina e glutelina representavam 5,9, 13,8, 5,8 e 74,5 por cento, respetivamente, da proteína total no arroz Basmati Dehraduni polido. Lunial (1995) estudou o padrão de proteínas em cultivares de arroz perfumadas e não perfumadas e a albumina: globulina: prolamina: glutelina foram 9:12:5:74, respetivamente.

Deka (1998) relatou que a albumina, globulina, prolamina e glutelina variaram de 4,59 a 4,70, 7,67 a 7,99, 4,50 a 4,64 e 82,74 a 83,20 por cento da proteína solúvel total entre as variedades de arroz, respetivamente. Takaiwa *et al.* (1999) relataram que as proteínas do arroz são compostas por 5:10:5:80 como albumina: globulina: prolamina: glutelina, enquanto que estas fracções foram relatadas como 4,5, 13,1, 2,6 e 79,7 por cento na farinha de arroz por Ju *et al.,* 2001.

Basak *et al.* (2002) caracterizaram seis variedades de arroz utilizando o fracionamento de solubilidade e relataram albumina: globulina: prolamina: glutelina nas proporções 9,7:13,5:3,3:73,4 em aromático não basmati, 12,4:18,4:5,4:64,2 em aromático basmati e 14,2:18,9:3,0:63,8 em variedades não aromáticas, respetivamente. Singh (2005) relatou que a albumina: globulina: prolamina: glutelina representavam 7,01, 11,08, 7,28 e 74,62 por cento da proteína total com base na solubilidade em variedades de arroz, respetivamente. Gurpreet e Sogi (2007) determinaram a classificação de Osbourne das fracções proteicas: albumina, globulina, prolamina e glutelina como 11:10:4:75 e 16:13:4:67 para o arroz integral da variedade basmati 386 e HBC 19, respetivamente.

Devi *et al.* (1997) referiram que a cozedura diminuía a solubilidade da albumina, globulina e prolamina, mas aumentava as fracções de glutelina em comparação com o arroz cru moído. O aumento da fração de glutelina após a cozedura foi referido por Arbab e El Tinay (1997) em sorgo, Yousif (2000) em sorgo, milho e arroz e Fageer e El Tinay (2004) em milho.

2.2.3Hidratos de carbono

Saikia e Bains (1990) estimaram o teor de açúcares redutores e amilose de 0,20 a 0,31 e 19,7 a 20,9%, respetivamente, entre diferentes variedades de arroz de Assam. Deka (1998) relatou que o amido, a amilose, os açúcares solúveis totais, os açúcares redutores e os açúcares não redutores entre as variedades de arroz variaram de 68,16 a 69,84, 5,01 a 23,27, 4,33 a 4,55, 1,54 a 1,82 e 2,57 a 2,99 por cento, respetivamente.

Singh *et al.* (1998) relataram que o amido, a amilose, os açúcares totais, os açúcares redutores (como glicose) e os açúcares não redutores (como sacarose) variaram de 61,76 a 77,95, 22,0 a 25,0, 0,78 a 1,59, 0,10 a 0,25 e 0,31 a 0,60 por cento em seis variedades de arroz, respetivamente.

Singh (2005) relatou que o amido variou de 61,02 a 71,23, amilose 12,12 a 29,75, açúcares solúveis totais 3,59 a 4,65, açúcares redutores 1,20 a 2,24 e açúcares não redutores 1,73 a 2,78 por cento entre as variedades de arroz. Kouakou *et al.* (2008) relataram que o amido, os açúcares totais e os açúcares redutores eram 72,49, 7,28 e 2,36 por cento, respetivamente, para a farinha de papa de arroz.

O teor de amilose do arroz é especificado como ceroso (0-2 %), muito baixo (5-12 %), baixo (12-20 %), intermédio (20-25 %) e alto (25-33 %) por Juliano (1992). Por sua vez, Singh *et al.* (1997) avaliaram 356 variedades tradicionais de arroz aromático e classificaram-nas em amilose muito baixa (2,5-9,0%), amilose baixa (9,0-20,0%), amilose intermédia (20,1-25,0%) e amilose alta (>25%).

Vidal e Asborno (1992) mostraram grandes variações de amilose, que vão de 14 a 27% em variedades de arroz. Karim *et al.* (1992) determinaram um teor de amilose de 25,0 e 23,7 por cento em Basmati 385 e Basmati linha 4048, respetivamente. Shen *et al.* (1992) registaram um teor de amilose na gama de 16,9 a 28,3 por cento em variedades de arroz híbrido.

De acordo com Dipti *et al.* (2002), o teor de amilose de seis variedades de arroz fino variava entre 18,6 e 28,0%. Tran *et al.* (2005) registaram que o teor de amilose do arroz indica (27,90%) e do arroz híbrido (24,32%) era superior ao do arroz japonica (14,65%). Singh *et al.* (2005) registaram o teor de amilose de 5,36 a 39,62% em 41 híbridos e variedades de arroz.

O teor de amilose foi estimado entre 15,6 e 29,1 por cento no arroz basmati e suas variedades derivadas (Kamath *et al.*, 2008), ao passo que variou entre 23,41 e 26,81 por cento no arroz branco de quatro variedades indica (Shabbir *et al.*, 2008). De acordo com Shahidullah *et al.* (2009), o teor de amilose variou entre

20.7 a 21,4 por cento em todos os tipos de arroz. Bhonsle e Krishnan (2010) registaram o seu valor entre 17,26 e 27,69 por cento em catorze variedades de arroz aromático.

Marsono e Topping (1993) afirmaram que a cozedura na panela de arroz ou no forno de micro-ondas aumentou o teor de amido de três variedades de arroz branco. O teor de amido das amostras cozinhadas no micro-ondas e na panela de arroz variava entre 83,8 e 87,3 g/100 g e 83,3 e 87,2 g/100 g, respetivamente.

Sagum e Arcot (2000) não observaram diferenças significativas no teor de amido entre o arroz Doongara cru e cozido, enquanto no arroz cru e no arroz cozido sob pressão o teor de amido diferiu significativamente. Também foram encontradas diferenças significativas entre as variedades crua, cozida e cozinhada sob pressão, Inga e Japonica. O processo de cozedura diminuiu consistentemente a quantidade de amilose em todas as variedades de arroz. A diminuição foi significativa na Japónica. Por outro lado, observou-se que a cozedura sob pressão aumentou o teor de amilose das variedades de arroz Doongara e Inga.

Khatoon e Prakash (2006) estimaram que o teor de amido total das variedades de arroz cru variava entre 78,9 e 83,0 por cento. A cozedura do arroz sob pressão e no micro-ondas revelou um aumento não significativo do teor de amido total. Nas amostras de arroz cozinhado sob pressão, o teor de amido variou entre 81,6 e 86,2 g/100 g e nas amostras cozinhadas no micro-ondas entre 80,1 e 85,5 g/100 g.

2.2.4Digestibilidade *in vitro da* proteína e do amido

O arroz está a fornecer uma percentagem cada vez maior do total de proteínas e amido para consumo humano em todo o mundo (Steenson e Sathe, 1995). Por conseguinte, é importante compreender a digestibilidade das proteínas e do amido presentes no grão de arroz.

Devi *et al.* (1997) relataram que a digestibilidade proteica *in vitro* variava de 73,5 a 77,7% em variedades de arroz cru moído. Mas, na farinha de arroz, foi registada como 56,66 por cento (Sharma e Khetarpaul, 1997b).

Deka (1998) referiu que a digestibilidade in vitro das proteínas variava entre 49,05 e 59,25% em amostras de arroz cru e 61,50 e 69,08% em amostras de arroz cozinhado. A digestibilidade *in vitro* do amido variou de 45,95 a 51,17 e de 49,15 a 62,90 mg de maltose libertada/g em amostras de arroz cru e cozinhado, respetivamente. Kelkar *et al.* (1996) registaram uma melhoria da digestibilidade do amido dos cereais através da cozedura sob pressão. Devi e Geervani (2000) registaram um aumento de mais de três vezes no valor da digestibilidade *in vitro* do amido de variedades de arroz por cozedura.

De acordo com Sagum e Arcot (2000), a cozedura e a cozedura sob pressão provocaram um aumento significativo ($p<0,05$) da digestibilidade do amido em três variedades em comparação com o arroz cru. A variedade Doongara (crua, 25,8%) tornou-se mais digerível quando sujeita a fervura (54,3%) e a cozedura sob pressão (65,2%); a variedade Inga (crua, 28,2%) foi mais digerível quando fervida (70,2%) e cozinhada sob pressão (67,0%) e a variedade Japonica (crua, 35,6%) foi mais digerível quando fervida (74,6%) e cozinhada sob pressão (75,1%). A digestibilidade global das proteínas das três variedades de arroz foi significativamente melhorada com a cozedura e a cozedura sob pressão, variando de 76,5 a 80,5 e 90,9 a 92,2%, respetivamente.

Khatoon e Prakash (2006) referiram que a digestibilidade proteica *in vitro* das amostras cozinhadas sob pressão (82,1 a 91,0%) era ligeiramente superior à das amostras cozinhadas no micro-ondas (80,0 a 90,8%), ao passo que a digestibilidade *in vitro* do amido entre amostras cozinhadas era semelhante (92,6 a 93,8%), mas significativamente superior à das amostras cruas (45,3 a 49,1%).

2.2.5Minerais

Sotelo *et al.* (1990) registaram teores de Fe e Ca em variedades de arroz na ordem dos 0,3 a 0,9 e 4,5 a 14,1 mg/100 g, respetivamente. Khan e Reddy (1991) registaram teores de Fe na ordem dos 1,7 a 5,0 mg/100 g em arroz em bruto. Villareal *et al.* (1991) relataram que os valores médios de P, Ca e Mg eram 0,21, 0,06 e 0,058 por cento, enquanto Fe e Zn eram 9,0 e 16,4 pg/g, respetivamente, em cinco variedades de arroz.

Swain e Nagaraju (1997) registaram 0,011 a 0,025 por cento de Ca e 0,41 a 0,54 por cento de teor de P em variedades de arroz. Sharma e Kheterpaul (1997c) determinaram os teores de Ca, Fe e P do arroz em 43,67, 3,66 e 139,72 mg/100g, enquanto a sua capacidade de extração de HCl variou entre 83,34, 77,57 e 68,88 por cento, respetivamente. Ahmed *et al.* (1998) estimaram o conteúdo de P de 0,210 a 0,430, Ca de 0,017 a 0,026 por cento e Fe de 1,5 a 5,0 mg/100 g em variedades de arroz de Assam. Deka (1998) relatou que Ca, P, Fe e Zn em variedades de arroz variavam de 9,0 a 31,0, 199,5 a 247,5, 1,0 a 2,1 e 1,9 a 5,7 mg/100 g, respetivamente. Singh *et al.* (1998) relataram que os valores de Ca, P e Fe em seis variedades de arroz branqueado variavam de 21,5 a 28,0, 218,04 a 310,08 e 1,21 a 3,06 mg/100 g, respetivamente.

Kim *et al.* (2004) estimaram o conteúdo mineral de variedades de arroz branqueado na faixa de 25,3 a 153,2 para P, 34,7 a 40,0 para Mg e 6,0 a 9,4 mg/100 g para Ca. Singh (2005) relatou que o conteúdo mineral entre as variedades de arroz variava de 11,21 a 13,47 para Ca, 254,0 a 315,7 para P, 2,24 a 3,87 para Fe e 3,48 a 6,96 mg/100 g de Zn.

De acordo com Anjum *et al.* (2007), o teor de Fe e Zn variou de 1,57 a 1,94 e de 1,44 a 2,97 mg/100 g para quatro variedades de arroz. Hemalatha *et al.* (2007) referiram que o teor de Zn e Fe no arroz era de 1,08 e 1,32 mg/100 g, respetivamente.

Shabbir *et al.* (2008) observaram que o teor de Zn, Mg e Fe em diferentes variedades de arroz variava de 1,31 a 1,41, 30,73 a 33,46 e 0,77 a 0,91 mg/100 g, respetivamente. Liang *et al.* (2009) referiram que o arroz branco continha 173,0, 28,7 e 24,5 mg/kg de Ca, Fe e Zn, respetivamente. Oko e Onyekwere (2010) referiram que o teor de Ca, Mg e P em cinco novas variedades de arroz de terras baixas variava entre 0,09 e 0,12, 0,15 e 0,20 e 0,51 e 0,55 por cento, respetivamente.

Abulude (2004) referiu que as amostras de arroz cru continham maior quantidade de minerais do que as amostras cozinhadas e demolhadas. Khatoon e Prakash (2006) analisaram os teores de Fe, Ca e P do arroz cru na gama de 1,5 a 1,9, 14 a 16 e 112 a 165 mg/100 g, respetivamente. As amostras cozinhadas tinham um teor significativamente mais baixo de Fe (33 a 50%), Ca (6 a 44%) e P (24 a 44%). No entanto, não foi observada qualquer diferença significativa entre as amostras cozinhadas à pressão e no micro-ondas.

Ebuehi e Oyewole (2007) não encontraram diferenças significativas no Ca, Fe, Mg e P em amostras cruas e cozinhadas de variedades de arroz ofada e aroso. Os teores de Ca, Fe, Mg e P variaram de 80, 42,9 a 46,3, 67,0 a 82,3 e 73,0 a 94,03 mg/100 g no arroz cru e de 70,0 a 72,2, 38,6 a 41,6, 54,9 a 55,8 e 24,0 a 72,1 mg/100 g no arroz cozido, respetivamente.

Noreen *et al.* (2009) referiram que o processo de demolha e cozedura provocou uma diminuição significativa do teor de P e Zn nas variedades de arroz. Abbas *et al.* (2010) relataram uma redução suficiente na concentração de Ca (5,60 a 39,13%), Mg (5,00 a 17,94%), Fe (26,40 a 71,21%) e P (4,44 a 12,00%) em três variedades de arroz após a fervura. Magdy *et al.* (2010) relataram valores para Ca, Mg, Fe e Zn na faixa de 10,84 a 11,11, 55,27 a 59,48, 0,241 a 0,250 e 0,363 a 0,397 mg/100 g em arroz cru, enquanto no arroz cozido os valores variaram de 10,11 a 10,73, 40,0 a 45,92, 0,231 a 0,242 e 0,361 a 0,375 mg/100 g, respetivamente.

2.3 Características de cozedura do arroz

O arroz cru moído precisava de cerca de 15 minutos para cozinhar em água a ferver em excesso (Sowbhagya e Ali, 1991). O pré-embebimento do arroz Basmati (15 a 60 minutos) antes da cozedura em excesso de água reduziu o tempo de cozedura de 20 para 10 minutos (Hirannaiah *et al.,* 2001). O tempo de cozedura registado para seis variedades de arroz fino foi de 14,5 a 25,0 minutos por Dipti *et al.* (2002) e de 10 a 15 minutos para outras seis variedades de arroz por Vidal *et al.* (2007).

Saikia e Bains (1993) relataram que o tempo de cozedura, o rácio de absorção de água e o rácio de alongamento nas variedades de arroz de Assam variavam entre 20,0 e 22,5 minutos, 3,09 e 3,29 e 1,22 e 1,25, respetivamente. Sarkar *et al.* (1994) registaram o maior rácio de alongamento de 1,64 para Basmati-370 e Basmati Kapurthala entre as variedades perfumadas e 1,62 para IR-36 e Ratna entre as variedades não perfumadas. A absorção de água, a taxa de expansão do volume e a taxa de alongamento de 12 variedades de arroz longo e fino foram registadas como 200 a 355 ml/ 100 g, 3,7 a 4,2 e 1,5 a 1,64, respetivamente.

Tufail (1997) registou o rácio de expansão de volume do Basmati-385, Basmati-370, IRRI-6 e KS-282 como 3,20, 3,64, 3,08 e 2,35, respetivamente. A absorção de água variou de 2,29 a 2,96 por cento. Deka (1998) relatou que o rácio de alongamento variou de 1,06 a 1,94, a expansão de volume de 12,04 a 13,16 ml/10 g e o rácio de absorção de água de 2,00 a 2,59 em diferentes variedades de arroz.

O rácio de alongamento de 1,67 a 1,93 por Pandey *et al.* (2000) e de 1,70 a 1,89 por Ram (2000) foi relatado em variedades de arroz aromático, enquanto que, de acordo com DRR (2000), foi de 1,90 a 2,17 em variedades de arroz perfumado e de 2,03 a 2,24 em variedades de arroz aromático. O rácio de alongamento entre seis variedades de arroz fino variou de 1,2 a 1,5 (Dipti *et al.*, 2002). O Basmati Pusa 1121, com um rácio de alongamento do grão cozido excecionalmente elevado de 2,7 contra 1,90 a 2,02 noutras variedades de basmati, foi desenvolvido por Singh e Singh (2002).

Bhattacharjee *et al.* (2002) referiram que o rácio de alongamento do grão variava de 1,70 a 2,0 e o rácio de expansão do volume de 3,0 a 3,92 nas variedades basmati. Singh (2005) referiu que o rácio de alongamento, a expansão do volume e o rácio de absorção de água das variedades de arroz variaram de 1,22 a 1,90, 12,27 a 19,08 ml/10 g e 2,26 a 2,92, respetivamente. Singh *et al.* (2005) relataram que o tempo de cozedura, o rácio de absorção de água e o rácio de alongamento em 23 variedades de arroz variaram entre 13,3 e 24,0 minutos, 2,37 e 4,45 e 1,29 e 1,74, respetivamente. Kamath *et al.* (2008) registaram um rácio de alongamento (>1,9) para todas as cinco raças de arroz basmati. Bhonsle e Krishnan (2010) registaram um rácio de expansão do volume e um rácio de alongamento do grão de 2,36 a 4,10 e de 1,01 a 1,42 em variedades de arroz tradicional aromático e de 2,73 a 3,63 e de 1,02 a 1,12 em variedades de basmati, respetivamente.

Singh *et al.* (2003) relataram que os grãos translúcidos apresentaram maior relação L/B e alongamento após a cozedura do que o arroz calcário. Suwansri e Meullenet (2004) relataram que as amostras de arroz cozido mais duras eram as do tipo gel médio com alta absorção de água e alta taxa de expansão de volume. Shahidullah *et al.* (2009) referiram que os consumidores preferem uma menor expansão do volume e um maior rácio de alongamento do arroz cozinhado.

Khatoon e Prakash (2007) relataram que, em quatro tipos diferentes de arroz, o tempo necessário e o rácio de absorção de água pelo método de micro-ondas (13 a 16 minutos e 50,0 a 60,0) foram muito superiores ao método de cozedura sob pressão (6 a 7 minutos e 2,5 a 4,3). O rácio de alongamento foi mais elevado nas amostras cozinhadas sob pressão (1,80 a 1,94) em comparação com as amostras cozinhadas no micro-ondas (1,49 a 1,67). O volume do arroz cozinhado variou entre 430 e 516 ml/100 g, com valores mais elevados para as amostras cozinhadas sob pressão.

2.4 Atributos sensoriais

A avaliação organoléptica (sensorial) é o teste básico e confirmatório do produto e avalia a aceitabilidade do produto do ponto de vista do consumidor. As características do arroz cozinhado frequentemente avaliadas foram o aroma, o sabor ou paladar, a tenrura ou dureza, a coesão ou viscosidade, o aspeto e a brancura ou cor (Juliano, 1990). Kumari e Padmavathi (1991) referiram que o sabor, a coesão, o aspeto e a textura são os factores importantes que afectam a palatabilidade de uma determinada variedade de arroz. As variedades de arroz do tipo curto e delgado tiveram pontuações de palatabilidade mais elevadas do que as variedades do tipo médio e delgado. Khan e Reddy (1991) encontraram diferenças significativas entre quatro variedades de arroz em todos os atributos sensoriais. Verificou-se que a MAU-set-9 era dominante na brancura, brilho e tenrura, a PBN-1 no sabor e aroma e a Ambermohar na baixa coesividade.

Saikia e Bains (1993) referiram que a variedade Monoharsali obteve a pontuação global mais elevada no que respeita ao aspeto, à não coesividade e à integridade dos grãos. A variedade Jaha obteve a pontuação mais elevada para o aroma, mas a sua pontuação para o aspeto, a não coesividade e a integridade foram as mais baixas entre as variedades testadas. Arai e Watanabe (1994) referiram que a dureza e o aspeto baço eram características comuns do arroz cozinhado intragável.

De acordo com a DRR (2000), as pontuações relativas ao aspeto, coesão, tenrura, sabor, aroma e aceitabilidade global das variedades de arroz aromático numa escala hedónica de 5 pontos foram de 4,6 a 5,0, 4,5 a 4,6, 4,6 a 4,8, 3,9 a 4,1, 4,3 a 4,5 e 3,5 a 3,9, respetivamente. Hirannaiah *et al.* (2001) registaram um aroma suave a muito forte em variedades de arroz aromático. Nadaf *et al.* (2006) e Kamath *et al.* (2008) referiram que o arroz basmati contém mais aroma do que as variedades tradicionais de arroz perfumado.

Kohlwey (1994) explicou que grande parte da qualidade do produto de arroz depende da forma como o produto é cozinhado, uma vez que diferentes métodos de cozedura produzem diferentes texturas e aparências. O arroz bem cozinhado segundo os padrões americanos é provavelmente macio para a maioria dos europeus e não pegajoso para a maioria dos orientais. Suwansri *et al.* (2001) demonstraram que o aspeto, o aroma, o sabor e a textura tinham um forte impacto na aceitação do arroz de jasmim cozinhado pelos consumidores asiáticos.

Champagne *et al.* (2004) referiram que a textura do arroz cozinhado variava muito entre cultivares. Ebuehi e Oyewole (2007) referiram que as pontuações médias relativas ao aspeto, textura, sabor, aroma e aceitabilidade global do arroz aroso eram significativamente mais elevadas (7,8 a 8,2) do que as das variedades de arroz ofada (5,3 a 6,1).

Shabbir *et al.* (2008) referiram que a variedade de arroz Basmati 2000 obteve pontuações significativamente mais elevadas para a cor (7,57), o aroma (7,33), a textura (7,17), o sabor (7,59) e a aceitabilidade global (7,41), seguida de perto pela Super Basmati, com pontuações de 7.53, 7,20, 7,29, 7,48 e 7,37, respetivamente, em comparação com as variedades IRRI-6 e KS-282, com pontuações respectivas na faixa de 7,25 a 7,28, 5,73 a 5,99, 6,84 a 6,90, 6,79 a 6,86 e 6,69 a 6,71.

Bhonsle e Krishnan (2010) registaram os excelentes caracteres de aceitabilidade global em "Basmati local", "Jiresal", "Kotimirsal", "Pusa Basmati-1", "Pusa Sugandh-2", "Pusa Sugandh-3", "Pusa Sugandh-5", "Kasturi" e "Vasumati". A boa aceitabilidade global foi observada nas variedades de arroz "Ek-Kadi", "Ghansal", "Girga", "Masuri" e "Mugadh sugandh".

Jain e Bhat (1984) referiram que o arroz cozinhado na panela solar obteve a pontuação mais elevada em termos de cor, aroma, textura, sabor e aceitabilidade global, mas a pontuação relativa à cozedura foi mais elevada na cozedura sob pressão. No entanto, os métodos diferiram significativamente apenas no que respeita ao sabor do arroz. Khatoon e Prakash (2007) referiram que as variedades de arroz cozinhadas no micro-ondas e na pressão eram igualmente preferidas em termos de cor, textura e aceitabilidade global, mas na qualidade global o micro-ondas revelou-se melhor do que a cozedura sob pressão.

CAPÍTULO - 3

MATERIAIS E MÉTODOS

O presente estudo, intitulado "Effect of cooking methods on nutritional quality of rice *(Oryza sativa* L.) varieties" (Efeito dos métodos de cozedura na qualidade nutricional das variedades de arroz *(Oryza sativa* L.)), foi realizado no Department of Foods and Nutrition, College of Home Science, Chaudhary Charan Singh Haryana Agricultural University, Hisar.

Este capítulo contém informações relevantes sobre as concepções de investigação e as etapas metodológicas utilizadas no presente inquérito. Os procedimentos de investigação para atingir os objectivos foram descritos de forma distinta nas seguintes rubricas e subrubricas:

3.1 Aquisição de material e preparação de amostras

3.2 Propriedades físicas das sementes cruas

3.3 Avaliação nutricional de amostras cruas

3.3.1 Análise aproximada

3.3.1.1 Humidade

3.3.1.2 Gordura

3.3.1.3 Cinzas

3.3.1.4 Fibra bruta

3.3.1.5 Proteína bruta

3.3.2 Fracionamento de solubilidade de proteínas

3.3.3 Hidratos de carbono

3.3.3.1 Açúcares solúveis totais

3.3.3.2 Reduzir os açúcares

3.3.3.3 Açúcares não redutores

3.3.3.4 Amido

3.3.3.5 Amilose

3.3.4 Minerais

3.3.4.1 Total de minerais

3.3.4.2 Minerais extraíveis com HCl

3.3.5 Digestibilidade *in vitro*

3.3.5.1 Digestibilidade proteica *in vitro*

3.3.5.2 Digestibilidade *in vitro* do amido

3.4 Estudos de culinária

3.4.1 Métodos de cozedura

3.4.1.1 Cozinha normal

3.4.1.2 Cozedura sob pressão

3.4.1.3 Cozinhar no micro-ondas

3.4.1.4 Cozedura solar

3.4.2 Preparação de amostras cozinhadas para análise

3.5 Características de cozedura

3.5.1 Tempo de cozedura

3.5.2 Rácio de alongamento

3.5.3 Rácio de absorção de água

3.5.4 Rácio de expansão do volume

3.6 Avaliação sensorial de amostras cozinhadas

3.7 Análise nutricional de amostras cozinhadas

3.8 Análise estatística

3.1 Aquisição de material e preparação de amostras

Seis variedades, nomeadamente Improved Pusa Basmati-I, Taraori Basmati (HBC 19) e CSR 30 de basmati e HKR 47, HKR 127 e IRBB 60 de arroz grosso, foram adquiridas num único lote na Rice Research Station, Kaul (District Kaithal), CCS Haryana Agricultural University, Hisar. As sementes de arroz foram descascadas, polidas, limpas e isentas de pó, sujidade e materiais estranhos antes da estimativa das propriedades físicas, da análise nutricional e dos estudos de cozedura.

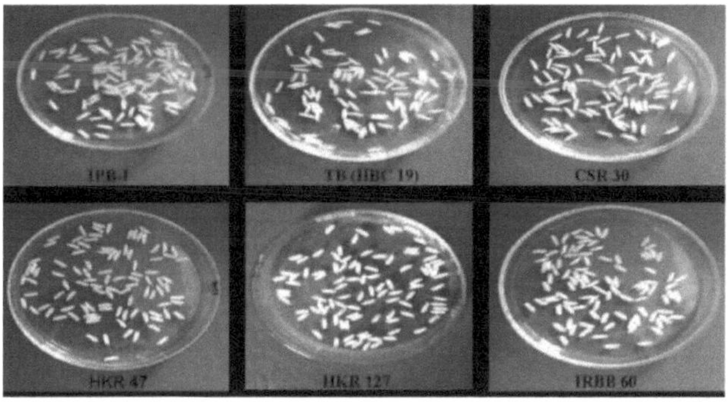

Placa 1: Seis variedades de arroz utilizadas no estudo

3.2 Propriedades físicas das sementes cruas

As sementes cruas de variedades de arroz foram analisadas quanto às seguintes características físicas.

3.2.1 Dimensões dos grãos

O comprimento, a largura e a espessura dos grãos de arroz foram determinados pelo método de Bhattacharya *et al.* (1972). O comprimento, a largura e a espessura de dez grãos de arroz, seleccionados aleatoriamente, foram medidos com a ajuda de um compasso de vernier e os valores médios foram expressos em milímetros.

3.2.2 Relação comprimento/largura

O valor médio do comprimento foi dividido pelo valor médio da largura do grão de arroz para calcular o rácio comprimento/largura.

3.2.3 Peso da semente

O peso das sementes foi determinado pela AOAC (2000). Foram contadas cem sementes e pesadas em gramas numa balança eletrónica.

3.2.4 Volume da semente

O volume das sementes foi determinado pelo método de deslocamento de água descrito por Phirke *et al.* (1982). Cem sementes previamente pesadas foram imersas num cilindro contendo água e a quantidade de água deslocada (ml) foi registada como volume de sementes.

3.2.5 Capacidade de hidratação

A capacidade de hidratação foi avaliada pelo método de Williams *et al.* (1983). Cem sementes foram pesadas e transferidas para uma proveta graduada de 250 ml, à qual foi adicionada água. A proveta foi coberta com papel de alumínio e deixada durante a noite à temperatura ambiente. No dia seguinte, as sementes foram escorridas, a água supérflua foi removida com papel de filtro e as sementes inchadas foram novamente pesadas. A capacidade de hidratação por 100 sementes foi determinada registando a diferença entre o peso das sementes embebidas (g) e o peso das sementes antes da embebição (g).

3.2.6 Capacidade de inchaço

A capacidade de inchamento foi avaliada pelo método de Williams *et al.* (1983). Cem sementes foram pesadas, seu volume anotado e embebidas durante a noite. O volume das sementes embebidas foi anotado numa proveta graduada. A capacidade de inchamento por 100 sementes foi determinada como a diferença entre o volume das sementes após a embebição e o volume das sementes antes da embebição.

3.2.7 Densidade a granel

A densidade aparente dos grãos de arroz foi determinada pelo método de Bhattacharya *et al.* (1972). Para o efeito, pesou-se a quantidade de arroz colocada num copo. O volume ocupado pelos grãos foi determinado medindo o volume de água necessário para encher o copo até à borda. A densidade aparente foi expressa em g/ml.

3.2.8 Densidade real

A densidade real das amostras de arroz foi determinada pelo método de deslocamento de óleo de querosene modificado (Bhattacharya *et al.,* 1972). Dez gramas de amostra foram cuidadosamente imersos em 50 ml de querosene numa proveta graduada e o aumento do volume de querosene foi registado. O aumento de volume representa o volume real ocupado pelo arroz. A densidade real foi calculada da seguinte forma:

$$\text{True density (g/ml)} = \frac{\text{Weight of grain (g)}}{\text{Volume of kerosene displaced in ml}}$$

3.2.9 Porosidade

A porosidade foi determinada pelo método de Bhattacharya *et al.* (1972). Trata-se de um índice de espaço vazio num grão a granel e foi calculado a partir dos valores da densidade e da densidade aparente utilizando a seguinte equação:

$$\text{Porosity (\%)} = \frac{\text{True density} - \text{Bulk density}}{\text{True density}} \times 100$$

3.3 Avaliação nutricional de amostras cruas

3.3.1 Análise aproximada

3.3.1.1 Humidade

A humidade nas amostras de arroz cru foi calculada utilizando os métodos normalizados de análise (AOAC, 2000).

Procedimento

Pesou-se uma amostra de cinco gramas numa placa de Petri e secou-se numa estufa a uma temperatura de 60°C durante seis horas ou até se obter um peso constante. A amostra foi pesada depois de arrefecida num exsicador.

$$\text{Moisture (\%)} = \frac{\text{Loss in weight}}{\text{Weight (g) of sample}} \times 100$$

3.3.1.2 Gordura bruta

A gordura bruta foi estimada pelo método de análise padrão (AOAC, 2000) utilizando o aparelho de extração Soxhlet.

Procedimento

Uma quantidade pesada (2 g) de amostra seca foi transferida para um dedal de extração, seco durante a noite a uma temperatura de 60°C. O dedal foi colocado num extrator de Soxhlet equipado com um condensador e um balão contendo éter de petróleo suficiente (BP 60-80°C). Após 6 horas de extração, o dedal foi retirado do aparelho de extração e seco na estufa de ar quente até atingir um peso constante, arrefecido num exsicador até à temperatura ambiente e pesado. A perda de peso do dedal indica a quantidade de gordura na amostra.

$$\text{Fat (\%)} = \frac{\text{Loss of weight (g)}}{\text{Sample weight (g)}} \times 100$$

3.3.1.3 Cinzas

A quantidade de cinzas na amostra foi estimada utilizando o método de análise padrão (AOAC, 2000).

Procedimento

Colocaram-se cinco gramas de amostra seca num cadinho pesado e acenderam-se até não restarem partículas carbonizadas no cadinho, tendo este sido colocado numa mufla (550°C) durante 6 horas ou até se obterem cinzas brancas. Posteriormente, o cadinho foi arrefecido num exsicador e pesado de novo.

$$\text{Ash (\%)} = \frac{\text{Weight (g) of ash}}{\text{Weight (g) of sample}} \times 100$$

3.3.1.4 Fibra bruta

A fibra bruta foi estimada pelo método padrão de análise (AOAC, 2000).

Reagentes

i. Solução-mãe de ácido sulfúrico (10% p/v): Diluíram-se 55 ml de ácido sulfúrico concentrado até perfazer um litro.

ii. Solução de trabalho de ácido sulfúrico (1,25%): Diluíram-se vinte e cinco ml de solução-mãe de ácido sulfúrico e completou-se o volume para um litro.

iii. Solução-mãe de hidróxido de sódio (10%, p/v): Cem gramas de hidróxido de sódio foram dissolvidos em água e diluídos para um litro.

iv. Solução de trabalho de hidróxido de sódio (1,25%): Diluíram-se vinte e cinco ml de solução-mãe de hidróxido de sódio e completou-se o volume para um litro.

v. Álcool

vi. Acetona

vii. Antiespumante: 2% de antiespumante de silício em CCl_4

Procedimento

Um grama de amostra seca sem gordura foi colocado num copo alto de um litro e foram-lhe adicionados 200 ml de 1,25 por cento de H_2SO_4. A solução foi mantida em ebulição durante 30 minutos sob condensadores de bolbo. O copo foi rodado ocasionalmente para misturar o conteúdo e remover as partículas dos lados. O conteúdo do copo foi filtrado através de um funil. A amostra foi lavada de novo no copo alto com 200 ml de solução de hidróxido de sódio a 1,25 %, levada à ebulição e fervida exatamente durante 30 minutos. Todas as matérias insolúveis foram transferidas para o cadinho sinterizado por meio de água a ferver até ficarem isentas de ácido, lavadas duas vezes com álcool, três vezes com acetona, secas a 100 °C até peso constante, novamente pesadas e incineradas numa mufla a 550 °C durante 1 hora. O cadinho foi arrefecido num exsicador, pesado de novo e a percentagem de fibra bruta nas amostras foi calculada utilizando a fórmula:

$$\text{Crude fibre (\%)} = \frac{W_2 - W_3}{W_1} \times 100$$

Onde,

W_1 = Peso (g) da amostra

W_2 = Peso (g) das matérias insolúveis (peso do cadinho + matérias insolúveis - peso do cadinho)

W_3 = Peso (g) das cinzas (cadinho + cinzas - peso do cadinho)

3.3.1.5 Proteína bruta

A proteína bruta nas amostras foi estimada utilizando os métodos padrão de análise (AOAC, 2000).

Reagentes

i. N/100 HCl

ii. Ácido bórico (4%)

iii. Solução indicadora mista: Tomou-se 0,5 g de verde de bromocresol e 0,1 g de vermelho de metilo e dissolveu-se em 100 ml de etanol a 95%.

iv. NaOH (40%)

v. Mistura de digestão: O sulfato de cobre ($CuSO_4.5H_2O$) e o sulfato de potássio (K_2SO_4) foram misturados na proporção de 1:5.

Procedimento

Foi colhida uma amostra de um grama e digerida com 20 ml de ácido sulfúrico concentrado e uma pitada de mistura de digestão. O azoto, sob a forma de sal amoniacal, foi destilado com 10 ml de NaOH a 40 % num aparelho de Microkjeldahl. O amoníaco assim libertado foi absorvido em 10 ml de solução de ácido bórico contendo algumas gotas de indicador misto e titulado com N/100 HCl padrão. O ponto final foi indicado pela mudança de cor. Foi aplicado um fator de 5,95 para converter a quantidade de azoto em proteína bruta. A proteína bruta foi calculada utilizando a seguinte fórmula:

$$\text{Crude protein (\%)} = \frac{0.00014 \times V \times (S-B) \times 100}{V_1 \times W} \times F$$

Onde,

W = Peso (g) da amostra colhida

V = Volume (ml) efectuado

V_1 = Volume (ml) da alíquota tomada para a destilação

S = Volume (ml) de HCl (N/100) utilizado na titulação da amostra

B = Volume (ml) de HCl (N/100) utilizado na titulação do branco

0,00014 = 10 ml de HCl 0,1 N neutralizam 0,00014 g de azoto F = Fator de conversão de N em proteína

3.3.2 Fracionamento de solubilidade de proteínas

As diferentes fracções, nomeadamente a albumina (solúvel em água), a globulina (solúvel em sal), a prolamina (solúvel em álcool) e a glutelina (solúvel em álcali) foram determinadas pelo método de Osbourne (1907), modificado por Naik (1968).

Procedimento

O extrato aquoso da farinha foi preparado agitando a farinha com água destilada durante 1,5 horas num agitador. Foi utilizada uma proporção de farinha para solvente de 1:5 (p/v). A suspensão foi centrifugada a 3000 rpm durante 15 minutos e o sobrenadante claro foi recolhido. A extração foi repetida duas vezes e o sobrenadante reunido. Este representa a fração de albumina.

A fração de globulina solúvel em sal foi preparada da mesma forma, extraindo o resíduo (deixado após a extração da fração de albumina) com uma solução de NaCl a 1% p/v.

A fração de prolamina solúvel em álcool foi preparada agitando intermitentemente o resíduo deixado após a extração da globulina com etanol a 60% a 60°C durante 2 horas. O sobrenadante foi recolhido após centrifugação. O resíduo obtido após a extração da prolamina foi extraído com uma solução de NaOH a 0,4% por agitação durante 2 horas e centrifugado a 3000 rpm durante 15 minutos. O sobrenadante recolhido após repetidas lavagens do resíduo com NaOH a 0,4% representa a fração de glutelina da proteína do arroz. O teor de N nas fracções proteicas foi determinado utilizando o método Microkjeldahl (AOAC, 2000).

3.3.3Hidratos de carbono

3.3.3.1 Açúcares solúveis totais

Extração

Os açúcares solúveis totais, com exceção do amido, foram extraídos de acordo com o procedimento de Cerning e Guilhot (1973).

Foram adicionados 25 ml de etanol (80%) a 0,5 g de amostra num balão de fundo redondo ligado a um condensador e mantido numa manta de aquecimento durante 30 minutos, com agitação ocasional. O extrato foi arrefecido, centrifugado a 8000 rpm durante 15 minutos e o sobrenadante foi recolhido. O procedimento acima descrito foi repetido três vezes, extraindo sempre o resíduo em 25 ml de etanol a 80 %. O extrato no copo foi evaporado até à secura num banho de água a ferver. O resíduo foi dissolvido em água destilada e o volume foi completado para 50 ml.

Estimativa

Os açúcares solúveis totais foram calculados segundo o método de Yemm e Willis (1954).

Reagentes

i. Solução padrão de açúcar: Vinte e cinco mg de glucose foram dissolvidos em água e o volume foi aumentado para 100 ml. Esta solução continha 250 µg de glucose por ml. Para obter uma curva padrão, foram utilizadas diferentes concentrações desta solução.

ii. Reagente de antrona (0,2% de antrona em 70% H_2SO_4): O reagente foi deixado em repouso durante 30-40 minutos, com agitação ocasional, até ficar perfeitamente límpido. O reagente era preparado todos os dias e utilizado no prazo de 12 horas.

Pipetaram-se 10 ml de reagente de antrona recentemente preparado para um tubo de ensaio (150x25 mm) e arrefeceu-se em água gelada. Tomou-se um ml de extrato de açúcar e colocou-se sobre o reagente de antrona ácido. Depois de arrefecer durante mais cinco minutos, o conteúdo foi cuidadosamente misturado enquanto ainda estava imerso em água gelada. O conteúdo do tubo foi aquecido vigorosamente num banho de água a ferver durante 10 minutos e, em seguida, arrefecido imediatamente em água fria. A absorvância foi então lida a 625 nm no espetrofotómetro UV-VIS contra um branco adequado.

A quantidade de açúcares foi então determinada por referência a uma curva padrão previamente preparada com glucose.

3.3.3.2 Reduzir os açúcares

Os açúcares redutores foram estimados utilizando o método modificado de Somogyi (Somogyi, 1945).

Reagentes

i. Reagente de cobre A: dissolveu-se 25 g de carbonato de sódio anidro, 25 g de tartarato de sódio e potássio, 20 g de bicarbonato de sódio e 200 g de sulfato de sódio anidro em cerca de 800 ml de água destilada e diluiu-se para um litro.

ii. Regente de cobre B: Dissolver 15 g de sulfato de cobre em 100 ml de água destilada com duas gotas de HCl.

iii. Reagente de arsenomolibdato (reagente de Nelson): Dissolver 25 g de molibdato de amónio em 450 ml de água destilada, aquecendo, e adicionar 21 ml de ácido sulfúrico concentrado. Dissolver 3 g de hidrogenarsenato de sódio em 25 ml de água destilada, agitando, e adicionar à solução anterior. O reagente foi armazenado num frasco castanho com rolha de vidro e mantido numa incubadora a 37°C durante 24 horas antes de ser utilizado.

iv. Os reagentes de cobre A e B foram misturados na proporção de 25:1 (v/v) antes da utilização.

v. Solução padrão de açúcar: Vinte e cinco mg de glucose foram dissolvidos e completados para 100 ml com água. Esta solução continha 250 μg de glucose por ml.

Estimativa

Introduziu-se um ml de extrato de ensaio num tubo graduado de 25 ml. Adicionou-se um ml de reagente de cobre misturado (iv) e aqueceu-se durante 20 minutos num banho de água a ferver. Juntar 1 ml de reagente de arseno-molibdato, misturar bem e diluir o conteúdo a 25 ml. Rapidamente surgiu uma cor azul estável, que foi lida a 520 nm contra um branco adequado. A quantidade de açúcares redutores foi então determinada com base na curva-padrão da glucose.

3.3.3.3 Açúcares não redutores

A quantidade de açúcar não redutor foi calculada como a diferença entre os açúcares solúveis totais e os açúcares redutores.

3.3.3.4 Amido

O amido do granulado isento de açúcar foi calculado segundo o método de Clegg (1956).

Extração

Adicionaram-se 5 ml de água ao referido resíduo de material de ensaio e, enquanto se agitava, adicionaram-se 6,5 ml de ácido perclórico a 52%. O conteúdo foi agitado continuamente com uma vareta de vidro durante cinco minutos e depois, ocasionalmente, durante os 15 minutos seguintes. Adicionaram-se 20 ml de água e centrifugou-se a 8000 rpm durante 15 minutos. O sobrenadante foi depositado num balão volumétrico de 100 ml. Adicionaram-se 5 ml de água destilada ao resíduo e repetiu-se a extração com ácido perclórico a 52 %, agitando ocasionalmente durante os 30 minutos seguintes. O conteúdo do tubo foi lavado para o balão que continha o primeiro extrato. Os extractos combinados foram diluídos a 100 ml com água destilada e filtrados, rejeitando os primeiros 5 ml do filtrado. Utilizou-se 0,1 ml de extrato para a determinação da glucose, utilizando o reagente de antrona pelo método de Yemm e Willis (1954). O amido foi calculado utilizando a seguinte fórmula:

Amido = Glucose x 0,9

3.3.3.5 Amilose

O teor de amilose do arroz foi determinado pelo método de Juliano (1971).

Reagentes

i. Etanol a 95% (v/v)

ii. NaOH 1N (p/v)

iii. Ácido acético 1N (v/v)

iv. Solução de iodo: 0,2 g de iodo e 2,0 g de iodeto de potássio foram dissolvidos em água destilada e a solução foi diluída para 100 ml.

Procedimento

Pesou-se com exatidão 100 mg de amostra, em duplicado, para um Erlenmeyer de 50 ml e adicionou-se 1 ml de etanol a 95% e 9 ml de NaOH 1N. Em seguida, aqueceu-se durante 10 minutos num banho de água a ferver para gelatinizar o amido, arrefeceu-se e transferiu-se com várias lavagens de água para um balão volumétrico de 100 ml, completando o volume com água e misturando bem. Pipetar 5 ml de solução de amido para um balão volumétrico de 100 ml, adicionar 1 ml de ácido acético 1N e 2 ml de solução de iodo, completar o volume com água destilada, agitar e deixar repousar durante 20 minutos. A absorvância da solução a 620 nm foi medida com um espetrofotómetro. O teor de amilose foi determinado por referência a uma curva-padrão e expresso em relação à matéria seca.

Para a curva-padrão, misturaram-se 40 mg de amilose de batata (Sigma Chemical Co. USA) com 1 ml de etanol e 9 ml de NaOH 1N, aqueceu-se durante 5-10 minutos num banho de água a ferver, arrefeceu-se e completou-se o volume para 100 ml. Com uma pipeta, foram colocadas porções de 1, 2, 3, 4 e 5 ml num balão volumétrico de 100 ml, acidificadas com ácido acético 1N (0,2, 0,4, 0,6, 0,8 e 1,0 ml, respetivamente) e tratadas como acima indicado. Para determinar o teor de amilose da amostra desconhecida, traçou-se o gráfico dos valores de absorvância a 620 nm em função da concentração de amilose anidra (mg).

3.3.4Minerais

3.3.4.1 Total de minerais

Digestão ácida

A um grama de amostra moída num erlenmeyer de 150 ml, foram adicionados 25-30 ml de uma mistura de diácidos (HNO_3: $HClO_4$ :: 5:1, v/v) e mantidos durante a noite. O conteúdo foi digerido por aquecimento até à formação de precipitados brancos claros no fundo. O volume foi completado para 50 ml com água bidestilada. Os cristais foram filtrados em papel de filtro Whatman n.º 42 e utilizados para a determinação do cálcio total, ferro, zinco, magnésio e fósforo.

Estimativa de cálcio, ferro, magnésio e zinco

O cálcio, o ferro, o magnésio e o zinco nas amostras digeridas com ácido foram determinados por Espectrofotómetro de Absorção Atómica de acordo com o método de Lindsey e Norwell (1969).

$$\text{Minerals (mg/100 g)} = \frac{\text{Reading (conc. µg/ml)} \times \text{volume made}}{\text{Weight of sample (g)} \times 1000} \times 100$$

Estimativa do fósforo

O fósforo foi determinado colorimetricamente utilizando o método de Chen *et al.* (1956).

Reagentes

i. Ácido ascórbico (10%)

ii. Molibdato de amónio (2,5%)

iii. Reagente C: 6N H_2SO_4, água, 2,5 por cento de molibdato de amónio e 10 por cento de ácido ascórbico foram misturados na proporção de 1:2:1:1 (v/v), respetivamente. Este reagente foi preparado fresco.

iv. Solução padrão de fósforo: Dissolver 0,351 g de di-hidrogenofosfato monopotássico anidro puro e seco em alguns ml de água e 10 ml de 10N H_2SO_4. O volume foi completado para um litro com água. Este stock continha 80 µg P/ml.

v. Solução padrão de trabalho de fósforo: Vinte e cinco ml de solução-mãe foram diluídos para um litro, que serviu de solução-padrão de trabalho e continha 2 µg P/ml. Foram adicionadas duas ou três gotas de clorofórmio para conservar a solução.

Procedimento

O extrato mineral (0,1 ml, obtido por digestão ácida) foi pipetado para um tubo de ensaio e o volume foi completado para 4 ml com água. Adicionou-se 4 ml de reagente C e misturou-se bem. O conteúdo foi incubado a 37°C em banho-maria durante 90 minutos. O tubo foi retirado e deixado arrefecer até à temperatura ambiente e a absorvância foi lida a 720 nm contra um branco adequado. A curva padrão foi traçada utilizando um a oito µg P.

3.3.4.2 Minerais extraíveis com HCl

Procedimento

Os minerais, incluindo o cálcio, o fósforo, o magnésio, o ferro e o zinco, foram extraídos em HCl 0,03 N (Peterson *et al.,* 1943).

A um g de amostra foram adicionados 50 ml de HCl 0,03N e incubados a 37°C num banho de água durante 3 horas com agitação constante para estimular o estado do estômago humano. No final do período de incubação, a mistura foi filtrada através de um papel de filtro sem cinzas (Whatman n.º 42) e o filtrado foi seco numa estufa de ar quente, digerido com uma mistura de diácidos e analisado quanto aos minerais, incluindo cálcio, fósforo, magnésio, ferro e zinco. O cálcio, o magnésio, o ferro e o zinco foram determinados pelo Espectrofotómetro de Absorção Atómica AABQ-20, de acordo com o método de Lindsey e Norwell (1969). O fósforo foi estimado pelo método descrito anteriormente.

$$\text{HCl-extractability (\%)} = \frac{\text{HCl-extractability in 0.03N HCl}}{\text{Total mineral}} \times 100$$

3.3.5Digestibilidade *in vitro*

3.3.5.1 Digestibilidade proteica *in vitro*

A digestibilidade *in vitro* das proteínas foi efectuada utilizando o método modificado de Mertz *et al.* (1983).

Reagentes

i. Reagente de pepsina: [fosfato de potássio 0,1 M (pH 2,0) contendo 0,2 % de pepsina]: Dissolver 13,6 g de fosfato de potássio (KH_2PO_4) em 1 litro de água, ajustar o pH da solução para 2,0 e dissolver 2 g de pepsina (Sigma) no tampão.

ii. TCA (50%): Dissolveram-se 50 g de ácido tricloroacético em água e completou-se o volume para 100 ml.

Procedimento

Duzentos e cinquenta mg de amostra foram pesados e transferidos para um tubo de centrifugação. Foram adicionados 20 ml de reagente de pepsina. O tubo foi tapado e colocado num agitador-incubador mantendo a temperatura a 37°C durante 3 horas. Em seguida, o tubo de centrifugação foi retirado e arrefecido. Foram adicionados 5 ml de TCA a 50% e o conteúdo foi centrifugado a 10 000 rpm durante 10 minutos à temperatura ambiente e filtrado. Foram retirados 10 ml de uma alíquota e secos numa estufa de ar quente. A alíquota seca foi digerida para determinação do azoto utilizando o método Microkjeldahl (AOAC, 2000). A proteína digerida da amostra foi determinada. A digestibilidade das proteínas foi calculada pela seguinte fórmula

$$\text{Protein digestibility (\%)} = \frac{\text{Digested protein}}{\text{Total protein}} \times 100$$

3.3.5.2 Digestibilidade *in vitro* do amido

A digestibilidade *in vitro* do amido foi avaliada segundo o método de Singh *et al.* (1982).

Reagentes

i. Tampão fosfato 0,2 M (pH 6,9): Adicionaram-se 50 ml de di-hidrogenofosfato de potássio 0,2 M (27,28 g/litro) a 46,8 ml de hidrogenofosfato dissódico 0,2 M (35,59 g/litro) e completou-se o volume a 200 ml com água.

ii. Amilase pancreática: Foram dissolvidos 20 mg de amilase pancreática em 50 ml de tampão fosfato 0,2 M (pH 6,9).

iii. Reagente dinitrosalicílico: Dissolver 10 g de ácido 3,5 dinitrosalicílico, 300 g de tartarato de sódio e potássio e 16 g de NaOH em água isenta de dióxido de carbono e completar o volume para 1000 ml. O reagente foi armazenado num frasco castanho e protegido do dióxido de carbono.

iv. Solução-padrão de maltose: Dissolver 100 mg de maltose mono-hidratada em água e completar o volume para 100 ml.

Estimativa

Cinquenta mg de amostra desengordurada foram dispersos num ml de tampão fosfato 0,2 M (pH 6,9). Adicionou-se 0,5 ml de amilase pancreática à suspensão da amostra e incubou-se em banho-maria a 37°C durante 2 horas. Após o período de incubação, foram rapidamente adicionados 2 ml de reagente de ácido dinitrosalicílico e a mistura foi aquecida num banho de água a ferver durante 5 minutos. Após arrefecimento, a solução foi completada para 25 ml com água destilada e filtrada antes da medição da absorvância a 550 nm.

Foi efectuado um ensaio em branco em simultâneo com a incubação da amostra. No ensaio em branco, o reagente de ácido dinitrosalicílico foi adicionado antes da adição da solução enzimática. A maltose foi utilizada como padrão e os valores foram expressos em mg de maltose libertada por grama de amostra desengordurada. A curva padrão foi preparada tomando 0,8 a 8 mg de maltose de uma solução padrão de maltose.

3.4 Estudos de culinária

3.4.1 Métodos de cozedura

Todas as seis variedades de arroz foram limpas, lavadas duas vezes e demolhadas durante 30 minutos em água destilada antes de serem cozinhadas pelos métodos de cozedura normal, sob pressão, por micro-ondas e solar. Os pormenores de cada método de cozedura são apresentados a seguir:

3.4.1.1 Cozinha normal

Os grãos de arroz demolhados foram cozinhados num tacho coberto com uma tampa, utilizando a proporção de sementes para água de 1:2,5 p/v.

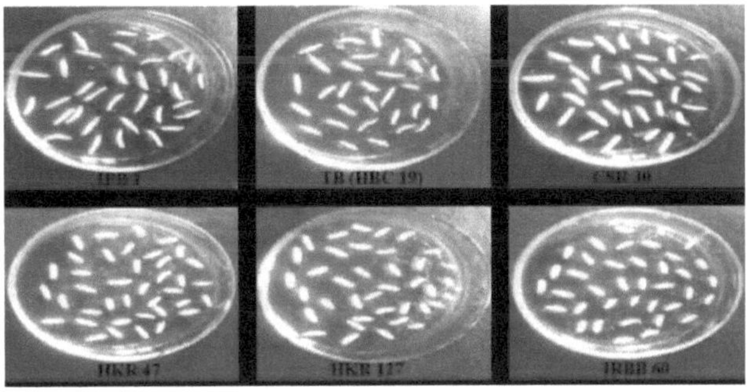

Prato 2: Amostras de arroz normal cozido

3.4.1.2 Cozedura sob pressão

Os grãos de arroz demolhados foram cozinhados numa panela de pressão de alumínio (capacidade de 3 L do modelo Hawkins), utilizando a proporção de sementes para água de 1:2 p/v.

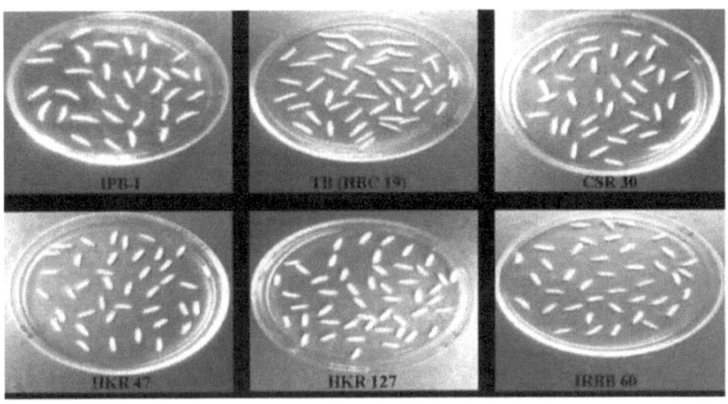

Prato 3: Amostras de arroz cozido sob pressão

3.4.1.3 Cozinhar no micro-ondas

Os grãos de arroz demolhados foram cozinhados utilizando alta potência num forno micro-ondas (Modelo INALSA-ED8525S-A, 2450 MHz, 1450 watts.). Para a cozedura, foi utilizado um tabuleiro de vidro retangular com uma tampa. A cozedura foi efectuada utilizando um rácio de sementes para água de 1:2,5 p/v.

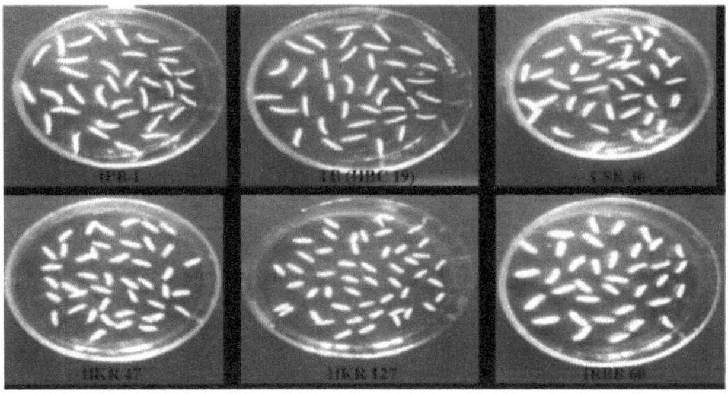

Prato 4: Amostras de arroz cozinhado no micro-ondas

3.4.1.4 Cozedura solar

Os grãos de arroz demolhados foram cozinhados num fogão solar (Modelo Beco, The Bharath Engg. Co.WZ-1, Phool Bagh Rampura Delhi, Índia) utilizando a proporção de sementes para água de 1:2 p/v. A cozedura foi efectuada num dia ensolarado, em meados de abril. A direção do espelho foi colocada de forma a que os raios de sol incidissem diretamente sobre ele.

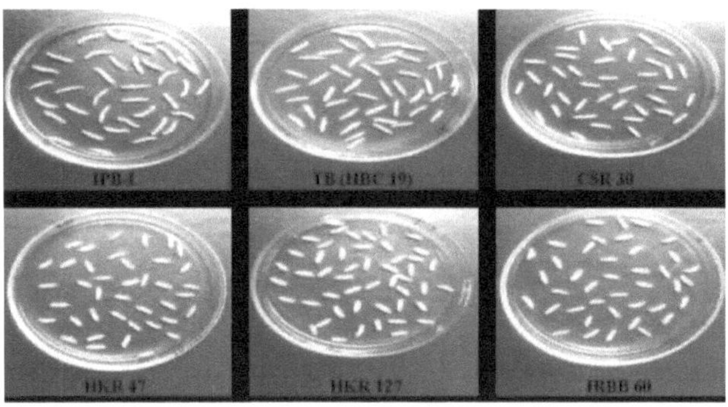

Prato 5: Amostras de arroz cozido solar

3.4.2Preparação de amostras cozinhadas para análise

Todas as amostras cozinhadas foram secas em estufa de ar quente a 55-60°C até atingirem um peso constante, moídas num moinho elétrico (cyclotec, M/S Tecator, Hoganas, Suécia, utilizando um crivo de 0,5 mm) até se obter um pó fino e acondicionadas em recipientes herméticos à temperatura ambiente para posterior análise.

3.5 Características de cozedura

Todas as variedades de arroz submetidas a vários métodos de cozedura, nomeadamente, cozedura normal, cozedura sob pressão, cozedura por micro-ondas e cozedura solar, foram analisadas quanto às seguintes características de cozedura, de acordo com os métodos indicados por Sidhu *et al.* (1975).

3.5.1 Tempo de cozedura

Cem gramas de grãos de arroz de cada variedade foram cozinhados com vários métodos. O tempo de cozedura ideal de uma variedade foi registado quando o núcleo opaco do arroz cozido desapareceu, alguns grãos foram pressionados entre dois dedos e o tempo de cozedura foi registado em minutos.

3.5.2 Rácio de alongamento

O comprimento de dez grãos cozidos foi medido e expresso como a relação entre grãos cozidos e grãos crus.

3.5.3 Rácio de absorção de água

Cozinhou-se uma amostra de cinco gramas de arroz com 50 ml de água. Se necessário, foi adicionada água suplementar. Deixou-se arrefecer e o rácio de absorção de água foi determinado decantando a água não absorvida e calculando a água absorvida pelo arroz em ml. O rácio foi expresso em gramas de água utilizada/g de arroz.

3.5.4 Rácio de expansão do volume

O volume do arroz cru e do arroz cozido foi determinado pela deslocação da água na proveta. Colocaram-se cinco gramas de arroz branqueado em 15 ml de água e anotou-se o volume total (Y). O arroz branqueado foi cozinhado e o volume do arroz cozido foi anotado depois de mergulhado em 50 ml de água (X). O rácio de expansão do volume foi calculado da seguinte forma

$$\text{Volume expansion ratio} = \frac{X-50}{Y-15}$$

3.6 Avaliação sensorial das amostras cozinhadas

Todas as amostras cozinhadas foram submetidas a uma avaliação sensorial no que diz respeito à cor, aspeto, aroma, textura, sabor e aceitabilidade global por um painel gustativo semi-treinado composto por 10 juízes, utilizando a escala de classificação hedónica de 9 pontos, tal como indicado no Apêndice-1.

3.7 Análise nutricional das amostras cozinhadas

Todas as amostras cozinhadas foram analisadas quanto à composição nutricional de acordo com os métodos indicados no ponto 3.3.

3.8 Análise estatística

Os dados obtidos foram analisados estatisticamente utilizando um desenho completamente aleatório de acordo com o método padrão (Panse e Sukhatme, 1961).

CAPÍTULO - 4

RESULTADOS

O presente estudo teve por objetivo analisar as propriedades físico-químicas e a composição nutricional de seis variedades de arroz, nomeadamente, Pusa Basmati-I melhorado, Taraori Basmati (HBC 19), CSR 30, HKR 47, HKR 127 e IRBB 60. Todas as variedades foram cozinhadas utilizando quatro métodos diferentes, nomeadamente, cozedura normal, pressão, micro-ondas e solar, e avaliadas quanto às características de cozedura, atributos sensoriais e composição nutricional. Os resultados assim obtidos foram apresentados sob os seguintes títulos:

4.1 Características físicas das variedades de arroz

4.2 Composição nutricional das variedades de arroz

4.3 Efeito dos métodos de cozedura nas variedades de arroz

4.3.1 Características de cozedura

4.3.2 Atributos sensoriais

4.3.3 Avaliação nutricional

4.1 Características físicas das variedades de arroz

As várias características físicas dos grãos das diferentes variedades de arroz utilizadas no presente estudo são apresentadas nos quadros 4.1a e 4.1b.

Comprimento

As variedades de arroz diferiram significativamente no que respeita ao comprimento dos grãos (Quadro 4.1a). As variedades de arroz melhoradas Pusa Basmati-I (8,05 mm) e Taraori Basmati (7,96 mm) tinham grãos significativamente ($P<0,05$) mais compridos do que todas as outras variedades de arroz utilizadas no estudo. Além disso, a variedade CSR 30 (7,59 mm) foi significativamente ($P<0,05$) melhor no que diz respeito ao comprimento dos grãos, em comparação com todas as variedades de arroz grosso (6,69 a 6,86 mm), que foram significativamente ($P<0,05$) iguais entre si.

Largura

As variedades de arroz grosso, nomeadamente HKR 47, HKR 127 e IRBB 60, tinham significativamente ($P<0,05$) mais largura do que as variedades basmati (Quadro 4.1a). A largura das variedades basmati variou entre 1,76 e 1,84 mm e as variedades grossas variaram de 2,07 a 2,14 mm. As variedades de cada grupo, ou seja, basmati e grossa, eram quase semelhantes entre si em termos de largura do grão.

Espessura

Nas variedades de arroz grosso, a espessura do grão variou entre 1,68 e 1,69 mm, enquanto que nas variedades basmati variou entre 1,52 e 1,62 mm (Quadro 4.1a). A variedade Improved Pusa Basmati-I tinha uma espessura de grão significativamente (P<0,05) mais baixa (1,52 mm) do que todas as outras variedades testadas.

Quadro 4.1a: Características físicas das variedades de arroz

Variedades	Comprimento (mm)	Largura (mm)	Espessura (mm)	Relação L/B	Peso das sementes (g/100 sementes)	Volume das sementes (ml/100 sementes)
IPB-I	8.05±0.07	1.76±0.04	1.52±0.03	4.57±0.07	1.76±0.00	1.27±0.03
TB	7.96±0.05	1.80±0.02	1.61±0.02	4.42±0.06	1.73±0.01	1.27±0.03
CSR 30	7.59±0.06	1.84±0.02	1.62±0.02	4.13±0.02	1.77±0.02	1.13±0.03
HKR 47	6.86±0.05	2.08±0.03	1.69±0.04	3.30±0.03	1.84±0.02	1.20±0.00
HKR 127	6.83±0.06	2.14±0.02	1.68±0.01	3.19±0.05	1.88±0.01	1.30±0.02
IRBB 60	6.69±0.04	2.07±0.04	1.69±0.03	3.23±0.05	1.80±0.01	1.13±0.03
CD (P≤0,05)	**0.17**	**0.10**	**0.08**	**0.17**	**0.05**	**0.09**

Os valores são a média ± SE de três determinações independentes

IPB-I - Improved Pusa Basmati-I e TB - Taraori Basmati

Rácio L/B

Os dados apresentados no Quadro 4.1a indicam que o rácio l/b das variedades basmati (4,13 a 4,57) foi significativamente (P<0,05) superior ao das variedades grosseiras (3,19 a 3,30). Entre as variedades de basmati, a Improved Pusa Basmati-I e a Taraori Basmati estavam no mesmo nível e tinham uma relação l/b significativamente (P<0,05) mais alta do que a CSR 30, enquanto o resto das três variedades grossas não diferiam significativamente em relação à relação l/b.

Peso de cem sementes

O peso de cem sementes das variedades de arroz variou de 1,73 a 1,88 g (Tabela 4.1a). Nas variedades basmati, o peso da semente variou entre 1,73 e 1,77 g, enquanto que nas variedades grossas variou de 1,80 a 1,88 g. A variedade HKR 127 teve peso máximo de semente (1,88 g) seguida de perto pela HKR 47 (1,84 g). Ambas as variedades tiveram significativamente (P<0,05) maior peso de sementes do que todas as variedades de basmati. A variedade IRBB 60 (1,80 g), Improved Pusa Basmati-I (1,76 g) e CSR 30 (1,77 g) tiveram pesos de sementes quase semelhantes, mas estes tiveram significativamente (P<0,05) maior peso de sementes do que Taraori Basmati (1,73 g).

Volume da semente

O volume de sementes variou de 1,13 a 1,30 ml/100 sementes em várias variedades de arroz e diferiu significativamente (P<0,05) entre si (Tabela 4.1a). A variedade HKR 127 teve o volume máximo de sementes (1,30 ml/100 sementes), que foi significativamente (P<0,05) maior do que HKR 47, CSR 30 e IRBB 60, mas foi igual ao de Pusa Basmati-I melhorado e Taraori Basmati.

Capacidade de inchaço

A capacidade de inchamento das variedades de arroz grosso variou entre 0,383 e 0,417 ml/100 sementes e foi significativamente (P<0,05) maior do que a das variedades basmati (0,325 a 0,342 ml/100 sementes). No entanto, a capacidade de inchamento das variedades dentro de cada grupo foi quase semelhante (Tabela 4.1b).

Quadro 4.1b: Características físicas das variedades de arroz

Variedades	Capacidade de inchamento (ml/100 sementes)	Capacidade de hidratação (g/100 sementes)	Densidade aparente (g/ml)	Densidade real (g/ml)	Porosidade (%)
IPB-I	0.325±0.01	0.340±0.01	0.778±0.00	1.51±0.02	48.48±0.82
TB	0.342±0.01	0.357±0.01	0.782±0.01	1.54±0.02	49.22±0.57
CSR 30	0.333±0.02	0.343±0.01	0.796±0.01	1.47±0.02	45.85±1.27
HKR 47	0.400±0.00	0.383±0.01	0.791±0.00	1.43±0.02	44.69±0.92
HKR 127	0.417±0.02	0.387±0.01	0.788±0.00	1.45±0.01	45.66±0.46
IRBB 60	0.383±0.02	0.333±0.01	0.815±0.00	1.46±0.01	44.18±0.29
CD (P≤0,05)	**0.040**	**0.031**	**0.020**	**0.06**	**2.45**

Os valores são a média ± SE de três determinações independentes

Capacidade de hidratação

No que diz respeito à capacidade de hidratação, as variedades HKR 127 (0,387 g/100 sementes) e HKR 47 (0,383 g/100 sementes) foram quase iguais às da Taraori Basmati (0,357 g/100 sementes) e significativamente superiores à CSR 30, Improved Pusa Basmati-I e IRBB 60 (Quadro 4.1b). Todas as três variedades de basmati tinham uma capacidade de hidratação quase semelhante (0,340 a 0,357 g/100 sementes).

Densidade aparente

Os dados apresentados no (Quadro 4.1b) revelaram que a densidade aparente da variedade IRBB 60 (0,815 g/ ml) foi significativamente (P<0,05) mais elevada do que a de todas as outras variedades (0,778 a 0,791 g/ ml) exceto CSR 30 (0,796 g/ ml).

Densidade real

Os resultados apresentados no (Quadro 4.1b) indicaram que a variedade Taraori Basmati tinha o valor máximo de densidade verdadeira (1,54 g/ ml); foi significativamente (P<0,05) superior a todas as outras variedades (1,43 a 1,47 g/ ml)

exceto a Pusa Basmati-I melhorada (1,51 g/ ml).

Porosidade

A porosidade (Tabela 4.1b) foi a mais alta na variedade Taraori Basmati (49,22%), seguida de perto pela Improved Pusa Basmati-I (48,48%). Estas duas variedades foram significativamente (P<0,05) superiores a todas as outras variedades no que respeita à porosidade (44,18% a 45,85%).

4.2 Composição nutricional das variedades de arroz

4.2.1Composição Proximal

A composição proximal do grão cru de diferentes variedades de arroz é apresentada no quadro 4.2.

Humidade

O teor de humidade das variedades de grão grosso variou entre 11,48 e 12,02 g/100 g e o das variedades basmati entre 10,55 e 10,97 g/100 g (Quadro 4.2). A humidade máxima foi registada na variedade IRBB 60 (12,02 g/100 g) que foi seguida de perto pela HKR 47; ambas as variedades tinham um teor de humidade significativamente (P<0,05) mais elevado do que todas as variedades basmati. As variedades HKR 127 e Taraori Basmati tinham teores de humidade quase semelhantes, mas tinham um teor de humidade significativamente (P<0,05) superior ao das outras duas variedades de basmati. No entanto, as variedades de cada grupo não diferiram significativamente quando comparadas entre si no que diz respeito ao teor de humidade.

Quadro 4.2: Composição aproximada das variedades de arroz (g/100 g, em base de peso seco)

Variedades	Humidade	Gordura	Cinzas	Fibra bruta	Proteína bruta
IPB-I	10.81±0.27	0.80±0.02	0.60±0.02	0.54±0.02	8.53±0.13
TB	10.97±0.14	0.82±0.03	0.61±0.01	0.51±0.01	8.33±0.11
CSR 30	10.55±0.03	0.76±0.02	0.63±0.01	0.47±0.02	7.91±0.12
HKR 47	11.78±0.22	0.90±0.03	0.53±0.01	0.45±0.01	6.94±0.18
HKR 127	11.48±0.13	0.68±0.02	0.49±0.00	0.46±0.01	7.28±0.10
IRBB 60	12.02±0.31	0.63±0.02	0.47±0.00	0.52±0.02	7.08±0.10
CD (P≤0,05)	**0.65**	**0.07**	**0.03**	**0.05**	**0.40**

Os valores são a média ± SE de três determinações independentes

Gordura

Os dados apresentados no quadro 4.2 indicam que a variedade HKR 47 tem o teor de gordura mais elevado (0,90 g/100 g) de todas as variedades. Três variedades de basmati, nomeadamente a Taraori Basmati, a Improved Pusa Basmati-I e a CSR 30, não diferiram significativamente entre si quanto ao teor de gordura (0,76 a 0,82 g/100 g), mas tinham significativamente (P<0,05) mais gordura quando comparadas com as variedades HKR 127 (0,68 g/100 g) e IRBB 60 (0,63 g/100 g).

Cinzas

O teor de cinzas nas variedades basmati variou entre (0,60 e 0,63 g/100 g), o que foi significativamente (P<0,05) superior ao das variedades grossas (0,47 e 0,53 g/100 g). No entanto, todas as variedades de basmati tinham um teor de cinzas quase semelhante. Entre as variedades grossas, a HKR 47 foi significativamente (P<0,05) superior às outras variedades no que diz respeito ao teor de cinzas (Tabela 4.2).

Fibra bruta

Os dados apresentados na tabela 4.2 indicam que as variedades Improved Pusa Basmati-I (0,54 g/100 g), IRBB 60 (0,52 g/100 g) e Taraori Basmati (0,51 g/100 g) tinham um teor de fibra bruta quase semelhante, mas tinham significativamente (P<0,05) mais teor de fibra bruta quando comparadas com as restantes variedades (0,45 a 0,47 g/100 g).

Proteína bruta

O teor de proteína bruta (Tabela 4.2) nas variedades de basmati variou entre 7,91 e 8,53 g/100 g, o que foi significativamente (P<0,05) mais alto do que nas variedades grossas (6,94 a 7,28 g/100 g). Entre as variedades de basmati, a proteína bruta máxima foi registada na Pusa Basmati-I melhorada (8,53 g/100 g) que foi seguida de perto pela Taraori Basmati (8,33 g/100 g) e ambas tinham significativamente (P<0,05) mais proteína bruta do que a CSR 30 (7,91 g/100 g). Todas as três variedades grossas tinham um teor de proteína bruta quase semelhante.

4.2.2Fracionamento das proteínas do arroz com base na solubilidade

As proteínas de várias variedades de arroz foram fraccionadas em albumina, globulina, prolamina e glutelina com base na solubilidade e os dados são apresentados no Quadro 4.3.

Albumina

A fração solúvel em água da albumina variou de 0,321 a 0,387 g/100 g entre as diferentes variedades de arroz (Tabela 4.3). A variedade Taraori Basmati tinha uma quantidade significativamente (P<0,05) maior de proteína na fração de albumina (0,387 g/100 g) em comparação com as outras variedades utilizadas no estudo. Além disso, as variedades de basmati CSR 30 e Improved Pusa Basmati-I tinham significativamente (P<0,05) mais fração de albumina do que as variedades grosseiras IRBB 60 e HKR 127, mas não diferiam significativamente quando comparadas com a variedade HKR 47. Entre as variedades, a distribuição percentual de albumina foi a mais elevada na HKR 47 (6,99%), seguida da HKR 127, IRBB 60, Taraori Basmati,

CSR 30 e Improved Pusa Basmati-I, por ordem decrescente.

Globulina

Os dados apresentados no quadro 4.3 indicam que a fração de globulina foi máxima na CSR 30 (0,816 g/100 g), seguida de perto pela HKR 127 (0,810 g/100 g) e pela Improved Pusa Basmati-I (0,809 g/100 g). Todas estas variedades apresentaram uma fração de globulina significativamente (P<0,05) mais elevada do que as variedades Taraori Basmati, IRBB 60 e HKR 47, que também diferiram significativamente (P<0,05) entre si. A globulina contribuiu com 12,91 a 14,40 por cento da proteína solúvel no basmati e 15,44 a 16,00 por cento nas variedades de arroz grosso.

Prolamin

O Pusa Basmati-I melhorado e o Taraori Basmati apresentaram valores significativamente (P<0,05) mais elevados de fração de prolamina (0,267 a 0,268 g/100 g) do que as restantes variedades (0,216 a 0,252 g/100 g). A HKR 127 tinha um teor de prolamina significativamente (P<0,05) mais baixo do que a CSR 30, HKR 47 e IRBB 60, que eram quase semelhantes entre si no teor de prolamina (Tabela 4.3). Com base na distribuição percentual, o teor de prolaminas variou de 4,27 a 4,45 de proteína solúvel no basmati e de 4,27 a 5,15 nas variedades de arroz grosso.

Tabela 4.3: Conteúdo proteico de diferentes fracções solúveis de proteína (g/100 g) em variedades de arroz (com base no peso seco)

Variedades	Albumina	Globulina	Prolamin	Glutelina
IPB-I	0.352±0.01 (5.62)	0.809±0.01 (12.91)	0.268±0.00 (4.27)	4.84± 0.05 (77.20)
TB	0.387±0.01 (6.45)	0.792±0.00 (13.26)	0.267±0.00 (4.45)	4.55±0.05 (75.84)
CSR 30	0.356±0.00 (6.28)	0.816±0.00 (14.40)	0.250±0.01 (4.41)	4.25±0.04 (74.91)
HKR 47	0.342±0.00 (6.99)	0.751±0.00 (15.44)	0.252±0.00 (5.15)	3.54±0.03 (72.42)
HKR 127	0.335±0.00 (6.62)	0.810±0.00 (16.00)	0.216±0.00 (4.27)	3.70±0.04 (73.11)
IRBB 60	0.321±0.00 (6.50)	0.766±0.00 (15.49)	0.252±0.00 (5.11)	3.60±0.03 (72.90)
CD (P≤0,05)	**0.016**	**0.012**	**0.012**	**0.12**

Os valores são a média ± SE de três determinações independentes

Os valores entre parênteses indicam a distribuição percentual das fracções proteicas

Glutelina

O teor de glutelina variou de 4,25 a 4,84 g nas variedades de basmati e de 3,54 a 3,70 g por 100 g nas variedades de arroz grosso (Tabela 4.3). Entre as variedades de basmati, o teor de glutelina foi significativamente (P<0,05) mais alto no Improved Pusa Basmati-I (4,84 g/100 g) do que no Taraori Basmati e no CSR 30, que também diferiram significativamente (P<0,05) entre si. Nas variedades grossas, o HKR 47 tinha uma fração de glutelina significativamente (P<0,05) mais baixa (3,54 g/100 g) em comparação com as outras variedades (3,60 a 3,70 g/100 g). A proteína do arroz continha a fração máxima de glutelina, ou seja, variando de 74,91 a 77,20% no basmati e de 72,42 a 73,11% nas variedades grosseiras avaliadas no estudo.

4.2.3Hidratos de carbono

Os teores de amido, amilose, açúcares solúveis totais, açúcares redutores e açúcares não redutores das variedades de arroz são apresentados no Quadro 4.4.

Amido

O teor de amido nas variedades de arroz grosso variou entre 78,52 e 79,05 g/100 g, enquanto que nas variedades basmati foi de 74,48 a 77,23 g/100 g (Quadro 4.4). Em ambos os grupos de arroz, as variedades não afectaram significativamente o teor de amido. Todas as variedades grosseiras tinham um teor de amido significativamente (P<0,05) mais elevado do que o do Pusa Basmati-I melhorado, que tinha o menor teor de amido (74,48 g/100 g).

Amilose

O teor de amilose nas variedades basmati variou de 21,90 a 24,21 g/100 g, enquanto que nas variedades grossas variou de 18,20 a 23,95 g/100 g (Tabela 4.4).

A CSR 30 teve um teor máximo de amilose (24,21 g/100 g) e foi significativamente maior (P<0,05) quando comparada com outras variedades, exceto a IRBB 60 (23,95 g/100 g). HKR 127 teve significativamente (P<0.05) menor conteúdo de amilose (18.20 g/100 g) do que todas as variedades testadas no estudo.

Quadro 4.4: Composição em hidratos de carbono das variedades de arroz (g/100 g, com base no peso seco)

Variedades	Amido	Amilose	Açúcares solúveis totais	Reduzir os açúcares	Açúcares não redutores
IPB-I	74.48±0.81	21.90±0.32	2.68±0.04	0.62±0.01	2.06±0.04
TB	76.24±0.56	22.41±0.33	2.87±0.05	0.62±0.01	2.25±0.05
CSR 30	77.23±1.07	24.21±0.41	2.46±0.08	0.59±0.01	1.87±0.08
HKR 47	78.60±0.51	22.97±0.52	2.55±0.07	0.65±0.00	1.90±0.06
HKR 127	79.05±1.41	18.20±0.31	2.35±0.03	0.57±0.00	1.78±0.03
IRBB 60	78.52±0.90	23.95±0.33	2.42±0.05	0.60±0.01	1.82±0.04

CD (P≤0,05)	2.89	1.17	0.18	0.02	0.17

Os valores são a média ± SE de três determinações independentes

Açúcares solúveis totais

Os dados apresentados na tabela 4.4 revelaram que a variedade Taraori Basmati tinha significativamente (P<0,05) o máximo de açúcares solúveis totais (2,87 g/100 g) do que as outras variedades. A variedade Pusa Basmati-I melhorada (2,68 g/100 g) e a HKR 47 (2,55 g/100 g) tinham uma quantidade quase semelhante de açúcares solúveis totais e eram significativamente (P<0,05) melhores do que as restantes variedades (2,35 a 2,46 g/100 g) em termos de teor de açúcares solúveis totais.

Reduzir os açúcares

Os açúcares redutores foram significativamente (P<0,05) mais elevados na HKR 47 (0,65 g/100 g) e mais baixos na HKR 127 (0,57 g/100 g) em comparação com outras variedades (Quadro 4.4). Pusa Basmati-I melhorado, Taraori Basmati e IRBB 60 não diferiram significativamente entre si no conteúdo de açúcares redutores (0,60 a 0,62 g/100 g).

Açúcares não redutores

A quantidade de açúcares não redutores foi significativamente (P<0,05) maior na variedade Taraori Basmati (2,25 g/100 g) do que nas demais variedades estudadas (Tabela 4.4). Além disso, a variedade Improved Pusa Basmati-I (2,06 g/100 g) foi significativamente maior do que as outras variedades (1,78 a 1,87 g/100 g), exceto a HKR 47 (1,90 g/100 g), no teor de açúcares não redutores.

4.2.4Digestibilidade *in vitro*

A digestibilidade in vitro da proteína e do amido é apresentada no Quadro 4.5. Os dados revelaram que a digestibilidade proteica *in vitro* do CSR 30 (75,7%) foi máxima, seguida de perto pelo Improved Pusa Basmati-I (72,8%); estas duas variedades apresentaram uma digestibilidade proteica *in vitro* significativamente (P<0,05) mais elevada do que as variedades grosseiras. Além disso, a digestibilidade proteica in vitro do Taraori Basmati e do HKR 47 foi significativamente (P<0,05) superior à do HKR 127

e IRBB 60. A HKR 47 apresentou uma digestibilidade *in vitro* do amido significativamente (P<0,05) mais elevada (50,03%) em comparação com as outras variedades que apresentaram valores quase semelhantes para a digestibilidade *in vitro* do amido (44,83 a 46,70%).

Quadro 4.5: Digestibilidade *in vitro* da proteína e do amido (%) das variedades de arroz (em base de peso seco)

Variedades	Digestibilidade proteica *in vitro*	Digestibilidade *in vitro* do amido

IPB-I	72.8±0.81	46.70±0.70
TB	70.1±1.19	46.00±0.40
CSR 30	75.7±1.44	44.83±0.70
HKR 47	68.8±0.70	50.03±0.69
HKR 127	62.4±1.25	45.83±0.50
IRBB 60	60.9±0.70	45.13±0.87
CD (P≤0,05)	**3.07**	**2.06**

Os valores são a média ± SE de três determinações independentes

4.2.5 Minerais totais e extraíveis com HCl

O teor total de minerais das variedades de arroz e as suas extractabilidades de HCl são apresentados no Quadro 4.6.

Cálcio

Os dados apresentados no quadro 4.6 indicam que a HKR 47 tinha um teor máximo (16,65 mg/100 g) de cálcio total, que era significativamente (P<0,05) mais elevado do que as outras variedades seleccionadas no presente estudo. Da mesma forma, a CSR 30 apresentou um teor de cálcio total significativamente (P<0,05) mais elevado do que todas as outras variedades. A capacidade de extração de cálcio por HCl da HKR 47 foi máxima (41,23%), significativamente (P<0,05) superior à de todas as outras variedades (Quadro 4.6). O CSR 30 (39,39%) e o Taraori Basmati (39,21%) tiveram significativamente (P<0,05) maior extractibilidade de cálcio por HCl em comparação com as outras variedades (37,02 a 37,89%).

Fósforo

Os dados apresentados na tabela 4.6 revelaram que o HKR 127 tinha um teor máximo de fósforo (174,08 mg/100 g) e era significativamente (P<0,05) superior a todas as três variedades de basmati (165,44 a 169,26 mg/100 g) no teor total de fósforo. No entanto, as variedades grossas não diferiram significativamente entre si no teor de fósforo (171,25 a 174,08 mg/100 g). Entre as variedades de basmati, o Pusa Basmati-I melhorado tinha um teor de fósforo significativamente (P<0,05) mais elevado (169,26 mg/100 g) do que o CSR 30 (165,44 mg/100 g), mas estava ao mesmo nível do Taraori Basmati (166,75 mg/100 g). A capacidade de extração de fósforo por HCl (Quadro 4.6) foi mais elevada nas variedades grosseiras (54,18 a 56,60%) do que nas variedades basmati (49,28 a 54,90%). A HKR 127 teve significativamente (P<0,05) a maior (56,6%), enquanto a CSR 30 teve a menor (49,28%) extractibilidade de fósforo por HCl. As variedades de Basmati diferiram significativamente (P<0,05) entre si no que respeita à extractibilidade do fósforo pelo HCl e a ordem de significância foi Improved Pusa Basmati-I > Taraori Basmati > CSR 30.

Quadro 4.6: Teores totais de minerais (mg/100 g) e respectiva capacidade de extração de HCl

(%) em *variedades* de arroz *(com base no peso seco)*

Variedades	Cálcio	Fósforo	Magnésio	Ferro	Zinco
Total de minerais					
IPB-I	14.92±0.18	169.26±1.18	49.75±0.20	2.41±0.02	1.55±0.03
TB	14.62±0.09	166.75±1.31	49.21±0.54	2.57±0.02	1.59±0.04
CSR 30	16.05±0.15	165.44±1.19	48.60±0.50	2.17±0.01	1.50±0.02
HKR 47	16.65±0.18	172.88±1.18	51.62±0.21	2.31±0.01	1.35±0.01
HKR 127	15.30±0.15	174.08±1.19	52.24±0.14	2.37±0.01	1.33±0.02
IRBB 60	14.85±0.12	171.25±1.14	46.91±0.19	2.37±0.03	1.30±0.03
CD(P≤0,05)	**0.46**	**3.74**	**1.05**	**0.07**	**0.09**
Extractibilidade dos minerais ao HCl					
IPB-I	37.41±0.52	54.90±0.45	60.56±0.31	61.98±1.11	26.03±0.53
TB	39.21±0.18	52.64±0.34	60.80±0.62	62.39±1.36	26.46±0.24
CSR 30	39.39±0.33	49.28±0.54	59.24±0.55	53.81±0.88	25.60±0.18
HKR 47	41.23±0.51	54.45±0.53	61.10±0.63	58.93±0.83	25.80±0.09
HKR 127	37.02±0.33	56.60±0.51	59.30±0.17	58.38±0.75	24.92±0.28
IRBB 60	37.89±0.52	54.18±0.41	57.75±0.56	58.45±0.73	23.45±0.16
CD(P≤0,05)	**1.30**	**1.46**	**1.56**	**3.01**	**0.89**

Os valores são a média ± SE de três determinações independentes

Magnésio

Os dados apresentados no quadro 4.6 indicam que o teor total de magnésio foi máximo na variedade HKR 127 (52,24 mg/100 g), seguida de perto pela HKR 47 (51,62 mg/100 g) e ambas apresentaram uma quantidade significativamente (P<0,05) mais elevada de magnésio total do que as outras variedades (46,91 a 49,75 mg/100 g). A variedade HKR 47 apresentou uma extractibilidade máxima de magnésio por HCl (61,10%), quase igual à das variedades Pusa Basmati-I e Taraori Basmati (60,56 a 60,80%). Estas variedades tinham uma capacidade de extração de magnésio por HCl significativamente mais elevada (P<0,05) do que as restantes variedades com uma capacidade de extração de HCl entre 57,75 e 59,30% (Quadro 4.6).

Ferro

O teor de ferro total (Quadro 4.6) foi significativamente (P<0,05) mais elevado no Taraori Basmati (2,57 mg/100 g) e mais baixo no CSR 30 (2,17 mg/100 g) quando comparado com o do Pusa Basmati-I melhorado (2,41 mg/100 g), HKR 127 (2,37 mg/100 g), IRBB 60 (2,37 mg/100 g) e HKR 47 (2,31 mg/100 g). O Taraori Basmati (62,39%) e o Pusa Basmati-I melhorado (61,98%) tinham uma capacidade de extração de ferro por HCl quase semelhante e significativamente superior (P<0,05) às outras variedades (53,81 a 58,93%).

Zinco

Os dados apresentados no quadro 4.6 indicam que as variedades de arroz basmati têm um teor de zinco significativamente mais elevado (P<0,05) (1,50 a 1,59 mg/100 g) quando comparadas com as variedades de arroz grosso (1,30 a 1,35 mg/100 g). Entre as variedades de basmati, o Taraori Basmati (1,59 mg/100 g) tinha um teor de zinco significativamente mais elevado do que o CSR 30 (1,50 mg/100 g), mas estava ao mesmo nível do Improved Pusa Basmati-I (1,55 mg/100 g). No entanto, todas as variedades grosseiras tinham um teor de zinco quase semelhante. O Taraori Basmati (26,46%) e o Pusa Basmati-I melhorado (26,03%) apresentaram uma capacidade de extração de zinco por HCl significativamente (P<0,05) superior à do IRBB 60 e do HKR 127 (23,45 a 24,92%), mas quase igual à do CSR 30 e do HKR 47 (25,60 a 25,80%).

4.3 Efeito dos métodos de cozedura nas variedades de arroz

4.3.1 Características de cozedura

Os dados sobre as características de cozedura das variedades de arroz, influenciadas pelos métodos de cozedura, são apresentados nos quadros 4.7 para o tempo de cozedura e o rácio de absorção de água e no quadro 4.8 para o rácio de alongamento e o rácio de expansão do volume.

Tempo de cozedura

A cozedura solar do arroz demorou o tempo máximo de cozedura (48,9 minutos) seguido dos métodos de cozedura normal (16,3 minutos), micro-ondas (14,0 minutos) e pressão (6,2 minutos) (Quadro 4.7) e as suas diferenças foram significativas (P<0,05). A interação variedade x cozedura revelou que as variedades grosseiras demoraram significativamente (P<0,05) mais tempo do que as variedades basmati nos métodos de cozedura normal, micro-ondas e solar. Por outro lado, na cozedura sob pressão, todas as variedades necessitaram de um tempo de cozedura quase semelhante (5,5 a 7,0 minutos). Na cozedura normal, as variedades basmati necessitaram de 14,2 a 15,1 minutos, enquanto as variedades grosseiras necessitaram de 17,3 a 18,5 minutos, mas as diferenças no tempo de cozedura entre as variedades de cada grupo não foram significativas. No método de cozedura por micro-ondas, o IRBB 60 demorou significativamente (P<0,05) o tempo de cozedura mais elevado (17,0 minutos) em comparação com a variedade grosseira HKR 127 (15,4 minutos) e as variedades basmati (11,3 a 12,2 minutos), mas foi igual ao HKR 47 (16,2 minutos). Neste método, todas as variedades basmati necessitaram de um tempo de cozedura quase igual. No método de cozedura solar, o tempo de cozedura máximo (53,0 minutos) foi significativamente (P<0,05) para a variedade IRBB 60 e o tempo de cozedura mínimo

(45,2 minutos) para a variedade Taraori Basmati, enquanto que as outras variedades de cada grupo demoraram quase o mesmo tempo de cozedura.

Rácio de absorção de água

Os dados apresentados no quadro 4.7 revelam que o rácio de absorção de água das variedades grosseiras de arroz foi significativamente (P<0,05) mais elevado (2,88 a 2,98) em comparação com as variedades basmati (2,41 a 2,60). A variedade grossa IRBB 60 teve uma taxa de absorção de água significativamente (P<0,05) mais elevada em comparação com todas as outras variedades, exceto a HKR 127. No grupo do basmati, o CSR 30 apresentou um rácio de absorção de água significativamente (P<0,05) superior ao do Improved Pusa Basmati-I e do Taraori Basmati, que também diferiram significativamente entre si. O arroz cozinhado no micro-ondas e o arroz comum apresentaram uma taxa de absorção de água significativamente (P<0,05) mais elevada do que as amostras de arroz cozinhado à pressão e ao sol.

Quadro 4.7: Efeito dos métodos de cozedura no tempo de cozedura (minutos) e no rácio de absorção de água das *variedades de arroz*

Variedades	Métodos de cozedura				
	Comum	**Pressão**	**Micro-ondas**	**Solar**	**Média**
			Tempo de cozedura		
IPB-I	15.1±0.11	5.5±0.29	12.2±0.10	47.0±1.15	**19.9**
TB	14.2±0.21	5.5±0.28	11.3±0.05	45.2±0.30	**19.0**
CSR 30	14.5±0.31	6.0±0.28	12.1±0.10	47.1±1.55	**19.9**
HKR 47	18.0±0.41	6.5±0.29	16.2±0.51	51.0±0.86	**22.9**
HKR 127	17.3±0.10	6.5±0.29	15.4±0.05	50.0±0.50	**22.3**
IRBB 60	18.5±0.05	7.0±0.28	17.0±0.11	53.0±0.90	**23.9**
Média	**16.3**	**6.2**	**14.0**	**48.9**	
CD (P≤0,05)	Variedade 0.7	Método 0.6		Interação 1.5	
			Rácio de absorção de água		
IPB-I	2.67±0.04	2.42±0.09	2.72±0.04	2.25±0.03	**2.51**
TB	2.51±0.02	2.35±0.06	2.62±0.04	2.18±0.04	**2.41**
CSR 30	2.70±0.03	2.50±0.08	2.83±0.10	2.37±0.07	**2.60**
HKR 47	3.07±0.07	2.77±0.04	3.07±0.03	2.62±0.03	**2.88**
HKR 127	3.10±0.03	2.83 ±0.04	3.13±0.04	2.67±0.04	**2.93**
IRBB 60	3.15±0.06	2.86±0.06	3.16±0.04	2.72±0.07	**2.98**
Média	**2.87**	**2.62**	**2.92**	**2.47**	
CD (P≤0,05)	Variedade 0,08	Método 0.06		Interação NS	

Os valores são a média ± SE de três determinações independentes

Rácio de alongamento

O rácio de alongamento máximo (1,61) foi obtido na cozedura sob pressão (Tabela 4.8) e foi significativamente (P<0,05) mais elevado do que nos métodos de cozedura por micro-ondas (1,50), solar (1,49) e normal (1,43). A interação variedade x método de cozedura foi considerada significativa. As variedades Pusa Basmati-I e Taraori Basmati melhoradas estavam ao mesmo nível e tinham um rácio de alongamento significativamente (P<0,05) mais elevado do que as outras variedades em todos os métodos de cozedura. Ambas as variedades apresentaram um rácio de alongamento significativamente (P<0,05) superior (1,86 a 1,90) no método de cozedura sob pressão, em comparação com outros métodos de cozedura (1,65 a 1,75). Além disso, a CSR 30 teve um rácio de alongamento significativamente (P<0,05) mais elevado (1,43 a 1,63) do que o de todas as variedades grosseiras (1,23 a 1,46) em todos os métodos de cozedura. Em cada método de cozedura, todas as variedades grosseiras tiveram um rácio de alongamento quase semelhante, exceto a HKR 47 que teve um rácio de alongamento mais elevado nos métodos de cozedura sob pressão (1,46) e normal (1,30).

Quadro 4.8: Efeito dos métodos de cozedura no rácio de alongamento e no rácio de expansão volumétrica das variedades de arroz

Variedades	Métodos de cozedura				
	Comum	**Pressão**	**Micro-ondas**	**Solar**	**Média**
			Rácio de alongamento		
IPB-I	1.69±0.02	1.90±0.02	1.74±0.03	1.75±0.03	**1.77**
TB	1.65±0.05	1.86±0.02	1.72±0.02	1.72±0.01	**1.74**
CSR 30	1.43±0.03	1.63±0.01	1.50±0.02	1.50±0.02	**1.51**
HKR 47	1.30±0.03	1.46±0.03	1.37±0.02	1.34±0.01	**1.37**
HKR 127	1.23±0.01	1.36±0.02	1.31±0.03	1.30±0.02	**1.30**
IRBB 60	1.26±0.02	1.40±0.02	1.33±0.02	1.31±0.02	**1.32**
Média	**1.43**	**1.61**	**1.50**	**1.49**	
CD (P≤0,05)	Variedade 0,04	Método 0.03		Interação 0,07	
			Rácio de expansão do volume		
IPB-I	3.58±0.07	3.61±0.05	3.44±0.07	3.62±0.07	**3.56**
TB	3.17±0.09	3.18±0.08	3.14±0.04	3.24±0.08	**3.18**
CSR 30	3.62±0.06	3.78±0.07	3.48±0.07	3.66±0.09	**3.63**
HKR 47	4.15±0.07	4.62±0.08	4.02±0.08	4.35±0.10	**4.29**
HKR 127	4.00±0.15	4.33±0.06	3.82±0.08	3.94±0.04	**4.02**
IRBB 60	4.07±0.07	4.55±0.06	3.96±0.07	4.08±0.04	**4.17**

Média	3.77	4.01	3.64	3.81	
CD (P≤0,05)	Variedade 0.12	Método 0.10		Interação 0,24	

Os valores são a média ± SE de três determinações independentes

Rácio de expansão do volume

Os métodos de cozedura influenciaram significativamente o rácio de expansão do volume (Quadro 4.8) . Em termos médios, o rácio foi máximo na cozedura sob pressão (4,01), significativamente mais elevado do que nos métodos de cozedura normais (3,77), solares (3,81) e de micro-ondas (3,64). As variedades grossas apresentaram um rácio de expansão de volume significativamente (P<0,05) mais elevado (4,02 a 4,29) em comparação com as variedades basmati (3,18 a 3,63). Entre as variedades grossas, a HKR 47 apresentou um rácio de expansão de volume significativamente (P<0,05) mais elevado (4,29). Entre as variedades basmati, a Taraori Basmati teve a menor taxa de expansão de volume (3,18). A interação variedade x método de cozedura foi considerada significativa. Os métodos de cozedura não influenciaram significativamente (P<0,05) o rácio de expansão do volume das variedades de basmati, nomeadamente a Pusa Basmati-I melhorada (3,44 a 3,62) e a Taraori Basmati (3,14 a 3,24), ao passo que, na CSR 30, a cozedura sob pressão aumentou significativamente (P<0,05) o rácio de expansão do volume (3,78) em comparação com o método de cozedura por micro-ondas (3,48). No entanto, em todas as variedades grosseiras, o rácio de expansão de volume sob o método de cozedura sob pressão foi significativamente (P<0,05) mais elevado (4,33 a 4,62) do que todos os outros métodos de cozedura (3,82 a 4,35).

4.3.2 Atributos sensoriais

A avaliação sensorial das variedades de arroz cozinhadas com diferentes métodos foi feita com base numa escala de classificação hedónica de 9 pontos por um painel de 10 juízes. Os dados relativos à pontuação organoléptica no que respeita à cor, aspeto e aroma são apresentados no quadro 4.9 e os relativos à textura, sabor e aceitabilidade global no quadro 4.10.

Cor

As variedades diferiram significativamente no que respeita às suas pontuações para a cor (Quadro 4.9) . As variedades de Basmati Taraori Basmati, com uma pontuação média de 8,12, e Improved Pusa Basmati-I, com uma pontuação média de 8,05, foram consideradas "muito apreciadas" e as outras variedades, com pontuações médias entre 7,38 e 7,80, foram consideradas "moderadamente apreciadas" pelos juízes. Os diferentes métodos de confeção e a sua interação com as variedades foram considerados estatisticamente semelhantes pelo painel de peritos no que respeita à cor.

Aparência

Os métodos de cozedura, bem como as variedades, diferiram significativamente (P<0,05) no que respeita ao aspeto do arroz cozinhado (Quadro 4.9). O aspeto do Taraori Basmati e do Improved Pusa Basmati-I foi significativamente (P<0,05) mais elevado e "apreciado muito" pelo painel de peritos, com pontuações médias de 7,98 e 7,90, respetivamente, em comparação com a variedade CSR 30, que foi "apreciada moderadamente" com uma pontuação de 7,48. Todas as variedades grosseiras foram "apreciadas ligeiramente" com pontuações médias entre 6,00 e 6,50.

O arroz cozinhado no micro-ondas teve resultados organolépticos significativamente (P<0,05) mais elevados no que respeita ao aspeto. Este método foi significativamente (P<0,05) melhor do que os métodos de cozedura normal e sob pressão, mas foi igual ao método de cozedura solar para melhorar o aspeto do arroz cozinhado. Embora o efeito de interação entre as variedades e os métodos de cozedura não tenha sido significativo, o painel de peritos considerou que o arroz Taraori Basmati, submetido aos métodos de cozedura por micro-ondas, solar e sob pressão, e o arroz Pusa Basmati-I melhorado, submetido aos métodos de micro-ondas e solar, eram "muito apreciados" no que diz respeito ao aspeto.

Aroma

As variedades e os métodos de cozedura afectaram significativamente (P<0,05) o aroma do arroz (Quadro 4.9). As variedades de Basmati, ou seja, Taraori Basmati e Improved Pusa Basmati-I, foram significativamente (P<0,05) superiores a todas as outras variedades em termos de aroma, com pontuações médias de 8,20 e 8,05, respetivamente. Estas duas variedades foram "muito apreciadas" em comparação com a CSR 30 que foi "apreciada moderadamente". O aroma das variedades grosseiras, nomeadamente HKR 127, HKR 47 e IRBB 60, foi "ligeiramente apreciado" pelos juízes. As pontuações para o aroma obtidas com o arroz cozinhado ao sol (7,27) e à pressão (7,18) foram significativamente (P<0,05) superiores às do método de cozedura normal (7,01), mas foram iguais às do método de cozedura por micro-ondas (7,13).

Quadro 4.9: Efeito dos métodos de cozedura nas pontuações médias relativas à cor, aspeto e aroma das *variedades de arroz*

Variedades	Métodos de cozedura				
	Comum	**Pressão**	**Micro-ondas**	**Solar**	**Média**
			Cor		
IPB-I	8.0±0.15	8.1±0.10	8.0±0.15	8.1±0.10	**8.05**
TB	8.0±0.15	8.1±0.10	8.2±0.13	8.2±0.13	**8.12**
CSR 30	7.7±0.15	7.8±0.13	7.8±0.13	7.9±0.10	**7.80**
HKR 47	7.5±0.17	7.6±0.16	7.7±0.15	7.7±0.15	**7.62**
HKR 127	7.2±0.13	7.5±0.17	7.5±0.17	7.3±0.15	**7.38**

IRBB 60	7.3±0.15	7.4±0.16	7.5±0.17	7.4±0.16	**7.40**
Média	**7.61**	**7.75**	**7.78**	**7.77**	
CD (P≤0,05)	Variedade 0,20	Método NS		Interação NS	
		Aparência			
IPB-I	7.5±0.17	7.9±0.10	8.2±0.13	8.0±0.15	**7.90**
TB	7.6±0.16	8.0±0.01	8.3±0.15	8.0±0.15	**7.98**
CSR 30	7.0±0.21	7.5±0.17	7.8±0.13	7.6±0.16	**7.48**
HKR 47	6.1±0.10	6.4±0.16	6.7±0.15	6.8±0.13	**6.50**
HKR 127	6.0±0.21	6.5±0.17	6.6±0.16	6.7±0.15	**6.45**
IRBB 60	5.7±0.15	6.0±0.01	6.3±0.15	6.0±0.01	**6.00**
Média	**6.65**	**7.05**	**7.32**	**7.18**	
CD (P≤0,05)	Variedade 0,20	Método 0.17		Interação NS	
		Aroma			
IPB-I	8.0±0.00	8.1±0.10	8.0±0.00	8.1±0.10	**8.05**
TB	8.1±0.10	8.2±0.13	8.2±0.13	8.3±0.15	**8.20**
CSR 30	7.5±0.17	7.7±0.15	7.6±0.16	7.8±0.13	**7.65**
HKR 47	6.2±0.13	6.4±0.16	6.4±0.16	6.5±0.17	**6.38**
HKR 127	6.3±0.15	6.6±0.16	6.5±0.17	6.7±0.15	**6.52**
IRBB 60	6.0±0.21	6.1±0.23	6.1±0.23	6.2±0.20	**6.10**
Média	**7.01**	**7.18**	**7.13**	**7.27**	
CD (P≤0,05)	Variedade 0,22	Método 0.17		Interação NS	

Os valores são a média ± SE de dez respostas independentes

Textura

A textura do arroz cozinhado foi significativamente (P<0,05) influenciada tanto pelas diferenças varietais como pelos métodos de cozedura (Quadro 4.10). As variedades Basmati com pontuações médias entre 7,53 e 7,90 para a textura foram classificadas como "gostei moderadamente". Estas pontuações foram mais elevadas do que as das variedades grosseiras (6,15 a 6,83), que foram consideradas "ligeiramente apreciadas" pelos peritos. Em termos médios, independentemente da variedade, a cozedura por micro-ondas foi significativamente (P<0,05) superior a todos os outros métodos, enquanto que os métodos de cozedura solar e de pressão foram iguais entre si para melhorar a textura do arroz cozinhado. O Taraori Basmati cozinhado pelos métodos de cozedura por micro-ondas e solar e o Pusa Basmati-I melhorado cozinhado por micro-ondas foram "muito apreciados" pelos peritos.

Quadro 4.10: Efeito dos métodos de cozedura nas pontuações médias relativas à textura, ao sabor e à *aceitabilidade* global *das variedades de arroz*

Variedades	Métodos de cozedura				
	Comum	Pressão	Micro-ondas	Solar	Média
Textura					
IPB-I	7.5±0.17	7.7±0.15	8.0±0.00	7.8±0.13	**7.75**
TB	7.6±0.16	7.9±0.10	8.1±0.10	8.0±0.00	**7.90**
CSR 30	7.2±0.13	7.6±0.16	7.8±0.13	7.5±0.17	**7.53**
HKR 47	6.5±0.17	6.9±0.10	7.1±0.10	6.8±0.13	**6.83**
HKR 127	6.1±0.10	6.4±0.16	6.6±0.16	6.5±0.17	**6.40**
IRBB 60	5.8±0.13	6.2±0.13	6.4±0.16	6.2±0.13	**6.15**
Média	**6.78**	**7.12**	**7.33**	**7.13**	
CD (P≤0,05)	Variedade 0,19	Método 0.15		Interação NS	
Gosto					
IPB-I	7.4±0.16	7.7±0.15	8.0±0.00	7.6±0.16	**7.68**
TB	7.6±0.16	7.8±0.13	8.0±0.00	7.7±0.15	**7.78**
CSR 30	7.3±0.15	7.5±0.17	7.7±0.15	7.6±0.16	**7.53**
HKR 47	6.5±0.17	7.0±0.15	7.1±0.18	7.0±0.21	**6.90**
HKR 127	6.3±0.15	6.7±0.15	7.0±0.00	6.8±0.13	**6.70**
IRBB 60	6.0±0.00	6.2±0.13	6.5±0.17	6.3±0.15	**6.25**
Média	**6.85**	**7.15**	**7.38**	**7.17**	
CD (P≤0,05)	Variedade 0,20	Método 0.17		Interação NS	
Aceitabilidade global					
IPB-I	7.68 ±0.06	7.88±0.04	8.04±0.03	7.92±0.04	**7.88**
TB	7.78±0.06	8.00±0.03	8.16±0.06	8.04±0.05	**8.00**
CSR 30	7.34±0.08	7.62±0.08	7.74±0.03	7.68±0.05	**7.60**
HKR 47	6.56±0.10	6.86±0.09	7.00±0.08	6.94±0.07	**6.84**
HKR 127	6.38±0.08	6.72±0.04	6.84±0.07	6.78±0.07	**6.68**
IRBB 60	6.16±0.07	6.38±0.07	6.56±0.08	6.46±0.06	**6.39**
Média	**6.98**	**7.24**	**7.39**	**7.30**	
CD (P≤0,05)	Variedade 0,09	Método 0.07		Interação NS	

Os valores são a média ± SE de dez respostas independentes

Gosto

O sabor do arroz cozido foi significativamente (P<0,05) influenciado pelas variedades e pelos métodos de cozedura (Quadro 4.10), mas a sua interação não foi significativa. As variedades basmati (7,53 a 7,78) tiveram pontuações médias significativamente (P<0,05) mais elevadas para o sabor, em comparação com as variedades grosseiras (6,25 a 6,90), tendo-lhes sido atribuída a classificação de "gostei moderadamente" e "gostei ligeiramente", respetivamente. O método de cozedura por micro-ondas foi significativamente melhor do que outros métodos de cozedura no que diz respeito ao aumento do sabor do arroz cozinhado, tanto nas variedades basmati como nas variedades grosseiras. Além disso, os métodos de cozedura solar e de pressão foram quase semelhantes entre si no que respeita ao sabor do arroz cozinhado. As variedades de arroz basmati Improved Pusa Basmati-I e Taraori Basmati cozinhadas no micro-ondas foram classificadas como "muito apreciadas" pelo painel de peritos.

Aceitabilidade global

A aceitabilidade global do arroz cozinhado foi significativamente influenciada pelas variedades, bem como pelos métodos de cozedura (Quadro 4.10). A variedade Taraori Basmati teve uma aceitabilidade global significativamente mais elevada (P<0,05) com uma pontuação média de 8,0 e foi "muito apreciada" pelos juízes em comparação com as variedades de basmati Pusa Basmati-I melhorado (7,88) e CSR 30 (7,60) que foram "apreciadas moderadamente". Por outro lado, as variedades grosseiras foram "ligeiramente apreciadas" com pontuações médias que variaram de 6,39 a 6,84 em relação à aceitabilidade global.

Em termos médios, a pontuação de aceitabilidade global (7,39) do arroz cozinhado no micro-ondas, independentemente da variedade, foi significativamente (P<0,05) mais elevada em comparação com outros métodos de cozedura. O arroz cozinhado pelos métodos de cozedura solar e de pressão teve resultados de aceitabilidade global quase semelhantes, ou seja, 7,30 e 7,24, respetivamente. O Taraori Basmati cozinhado no micro-ondas, no sol e sob pressão e o Pusa Basmati-I melhorado no micro-ondas foram "muito apreciados", como se pode ver pelas notas de aceitabilidade global atribuídas pelo painel de peritos.

4.3.3 Avaliação nutricional de amostras cozinhadas

4.3.3.1 Composição proximal

Os dados sobre a composição proximal de diferentes variedades de arroz, influenciada por vários métodos de cozedura, são apresentados no quadro 4.11 para a humidade, gordura e cinzas e no quadro 4.12 para os teores de fibra bruta e proteína bruta.

Humidade

O teor de humidade variou entre 68,50 a 71,60 g/100 g no arroz normal; 66,90 a 70,80 g/100 g no solar; 65,20 a 68,50 g/100 g no micro-ondas e 68,0 a 69,90 g/100 g no método de cozedura sob pressão em várias variedades de arroz, em comparação com 10,55 a 12,02 g/100 g no arroz cru (Tabela 4.11). Em média, o arroz cozido no micro-ondas tinha um teor de humidade significativamente baixo (P<0,05) (66,62 g/100 g) em comparação com outros métodos de cozedura. No entanto, o teor de humidade nos métodos de cozedura sob pressão (68,67 g/100 g) e solar (68,27 g/100 g) não diferiu significativamente (P<0,05), mas foi inferior ao método de cozedura normal (69,67 g/100 g).

Quadro 4.11: Efeito dos métodos de cozedura nos teores de humidade (base de peso fresco), gordura e cinzas *(g/100 g) das variedades de arroz (base de peso seco)*

Variedades	Bruto	Métodos de cozedura				
		Comum	**Pressão**	**Micro-ondas**	**Solar**	**Média**
			Humidade			
IPB-I	10.81±0.27	68.50±0.71	68.00±0.84	65.20±0.89	66.90±0.69	**67.15**
TB	10.97±0.14	68.80±0.76	68.80±0.62	65.60±0.70	67.40±0.91	**67.65**
CSR 30	10.55±0.03	69.00±0.70	68.20±0.25	66.40±0.06	67.70±0.23	**67.82**
HKR 47	11.78±0.22	70.10±0.69	68.90±0.14	66.90±0.53	68.40±0.30	**68.57**
HKR 127	11.48±0.13	71.60±0.76	69.90±0.29	68.50±0.28	70.80±0.60	**70.20**
IRBB 60	12.02±0.31	70.00±0.11	68.20±0.26	67.10±0.16	68.40±0.24	**68.43**
Média	**11.27**	**69.67**	**68.67**	**66.62**	**68.27**	
CD (P≤0,05) Variedade 0,79Bruto v/s Método 0,59Método 0,65Interacção NS						
			Gordura			
IPB-I	0.80±0.02	0.57±0.02	0.59±0.03	0.64±0.02	0.66±0.02	**0.62**
TB	0.82±0.03	0.56±0.03	0.58±0.03	0.62±0.02	0.67±0.03	**0.61**
CSR 30	0.76±0.02	0.55±0.02	0.55±0.02	0.61±0.03	0.63±0.03	**0.58**
HKR 47	0.90±0.03	0.59±0.03	0.62±0.03	0.65±0.03	0.67±0.02	**0.63**
HKR 127	0.68±0.02	0.43±0.02	0.44±0.02	0.50±0.02	0.52±0.02	**0.47**
IRBB 60	0.63±0.02	0.39±0.02	0.41±0.03	0.46±0.03	0.49±0.02	**0.44**
Média	**0.77**	**0.51**	**0.53**	**0.58**	**0.61**	
CD (P≤0,05) Variedade 0,03Bruto v/s Método 0,03Método 0,03Interacção NS						
			Cinzas			
IPB-I	0.60±0.02	0.47±0.03	0.49±0.03	0.50±0.03	0.51±0.02	**0.49**
TB	0.61±0.01	0.48±0.02	0.51±0.03	0.52±0.03	0.53±0.03	**0.51**
CSR 30	0.63±0.01	0.47±0.03	0.50±0.03	0.50±0.02	0.52±0.03	**0.50**
HKR 47	0.53±0.01	0.43±0.02	0.44±0.02	0.45±0.02	0.46±0.02	**0.44**
HKR 127	0.49±0.00	0.39±0.02	0.42±0.03	0.42±0.03	0.43±0.03	**0.41**
IRBB 60	0.47±0.00	0.38±0.02	0.41±0.02	0.41±0.02	0.42±0.02	**0.41**
Média	**0.55**	**0.44**	**0.46**	**0.47**	**0.48**	
CD (P≤0,05) Variedade 0,04Bruto v/s Método 0,03Método NSInteracção NS						

Os valores são a média ± SE de três determinações independentes

O teor de humidade do arroz cru variou de 10,55 a 10,97 g/100 g no basmati e de 11,48 a 12,02 g/100 g nas variedades grossas e aumentou para 67,15 a 67,82 g/100 g no basmati e para 68,43 a 70,20 g/100 g nas variedades grossas depois de empregar vários métodos de cozedura (Tabela 4.11). O teor de humidade após a cozedura foi significativamente (P<0,05) o mais elevado na variedade HKR 127 e o mais baixo na Pusa Basmati-I melhorada. No entanto, a interação variedade x método de cozedura não foi significativa.

Gordura

Todos os métodos de cozedura provocaram uma diminuição significativa (20,8 a 33,8%) no teor de gordura das amostras de arroz cozinhado em comparação com o arroz cru (Quadro 4.11 e Fig. 1). Entre os métodos de cozedura, o teor de gordura não diferiu significativamente nos métodos normal e de pressão; foi inferior ao dos métodos de cozedura por micro-ondas e solar, que também não diferiram significativamente entre si. A interação não significativa entre variedades e métodos de cozedura indica que a perda de teor de gordura por vários métodos de cozedura foi quase semelhante em todas as variedades. Numa base média, a diminuição percentual do teor de gordura após a cozedura foi de 22,5, 25,6, 23,7, 30,0, 30,9 e 30,1 no Pusa Basmati-I melhorado, Taraori Basmati, CSR 30, HKR 47, HKR 127 e IRBB 60, respetivamente, em comparação com as respectivas amostras em bruto (Fig. 2). O teor de gordura após a cozedura foi significativamente (P<0,05) mais elevado no HKR 47, Improved Pusa Basmati-I e Taraori Basmati (0,61 a 0,63 g/100 g) em comparação com as outras variedades (0,44 a 0,58 g/100 g).

Cinzas

O conteúdo de cinzas das variedades de arroz diminuiu significativamente (12,7 a 20,0%) como resultado de todos os métodos de cozedura (Fig.1). No entanto, não foram observadas diferenças significativas no teor de cinzas do arroz cozinhado por todos os métodos de cozedura (Tabela 4.11). O conteúdo de cinzas após o cozimento por vários métodos nas variedades basmati variou entre 0,47 e 0,53 g/100 g em comparação com suas amostras cruas (0,60 a 0,63 g/100 g), enquanto que, nas variedades grossas, variou entre 0,38 e 0,46 g/100 g em comparação com o arroz cru (0,47 a 0,53 g/100 g). A diminuição percentual do teor de cinzas após a cozedura em relação ao controlo cru variou entre 16,4 e 20,6 no basmati e entre 12,8 e 17,0 nas variedades de arroz grosso (Fig. 2).

Fibra bruta

A fibra bruta diminuiu de 8,2 a 12,2 por cento em relação às amostras cruas (Fig. 1) como resultado dos vários métodos de cozedura utilizados (Quadro 4.12). No entanto, não foram observadas diferenças significativas entre os vários métodos de cozedura no que diz respeito ao seu efeito no teor de fibra bruta. A cozedura resultou numa diminuição significativa (P<0,05) do teor de fibra bruta (4,4 a 13,7%) das variedades de arroz (Fig. 2). O Pusa Basmati-I melhorado e o IRBB 60 mantiveram significativamente (P<0,05) um teor de fibra mais elevado (0,47 g/100 g) após a cozedura, em comparação com outras variedades (0,41 a 0,44 g/100 g).

Tabela 4.12: Efeito dos métodos de cozedura nos teores de fibra bruta e proteína bruta (g/100 g) das variedades de arroz (em base de peso seco)

Variedades	Bruto	Métodos de cozedura				
		Comum	Pressão	Micro-ondas	Solar	Média
Fibra bruta						
IPB-I	0.54±0.02	0.48±0.02	0.46±0.02	0.47±0.01	0.48±0.02	**0.47**
TB	0.51±0.01	0.44±0.01	0.43±0.02	0.44±0.02	0.45±0.01	**0.44**
CSR 30	0.47±0.02	0.42±0.02	0.40±0.02	0.41±0.01	0.42±0.02	**0.41**
HKR 47	0.45±0.01	0.43±0.02	0.42±0.01	0.42±0.01	0.44±0.02	**0.43**
HKR 127	0.46±0.01	0.42±0.01	0.40±0.02	0.41±0.02	0.42±0.01	**0.42**
IRBB 60	0.52±0.02	0.47±0.02	0.45±0.02	0.46±0.01	0.48±0.02	**0.47**
Média	**0.49**	**0.44**	**0.43**	**0.44**	**0.45**	
CD (P≤0,05) Variedade 0,02Bruto v/s Método 0,02Método NSInteracção NS						
Proteína bruta						
IPB-I	8.53±0.13	8.16±0.23	8.26±0.12	8.19±0.14	8.30±0.20	**8.23**
TB	8.33±0.11	7.92±0.31	8.06±0.15	8.06±0.16	8.20±0.25	**8.06**
CSR 30	7.91±0.12	7.50±0.11	7.64±0.14	7.65±0.14	7.83±0.14	**7.66**
HKR 47	6.94±0.18	6.60±0.13	6.72±0.18	6.66±0.16	6.83±0.15	**6.70**
HKR 127	7.28±0.10	6.90±0.10	7.02±0.13	6.99±0.15	7.18±0.15	**7.02**
IRBB 60	7.08±0.10	6.72±0.26	6.85±0.15	6.82±0.14	6.96±0.15	**6.84**
Média	**7.68**	**7.30**	**7.43**	**7.40**	**7.55**	
CD (P≤0,05) Variedade 0,24Bruto v/s Método 0,1				9Método NSInteracção NS		

Os valores são a média ± SE de três determinações independentes

Proteína bruta

A cozedura solar não mostrou qualquer alteração significativa no teor médio de proteínas (7,55 g/100 g) em comparação com o teor de proteínas do arroz cru (7,68 g/100 g), ao passo que, no arroz cozinhado normal (7,30 g/100 g), sob pressão (7,43 g/100 g) e no micro-ondas (7,40 g/100 g), o teor de proteínas diminuiu significativamente (Quadro 4.12). A diminuição percentual do teor de proteínas em relação ao controlo cru foi de 1,7 no solar, 3,2 na pressão, 3,6 no micro-ondas e 4,9 no método de cozedura normal (Fig. 1). No entanto, todos os métodos de cozedura não diferiram significativamente entre si no que respeita à alteração do teor proteico das variedades de arroz. O Pusa Basmati-I melhorado e o Taraori Basmati mantiveram um teor proteico mais elevado, ou seja, 8,23 e 8,06 g/100 g, respetivamente, após a cozedura, o que foi significativamente ($P<0,05$) superior ao de todas as outras variedades. Além disso, a variedade CSR 30 apresentou um teor de proteínas significativamente mais elevado do que as variedades grosseiras (6,70 a 7,02 g/100 g) após a cozedura. A diminuição percentual da proteína bruta entre as variedades após a cozedura (3,1 a 3,6) foi quase semelhante (Fig. 2). A interação variedade x método de cozedura foi considerada não significativa.

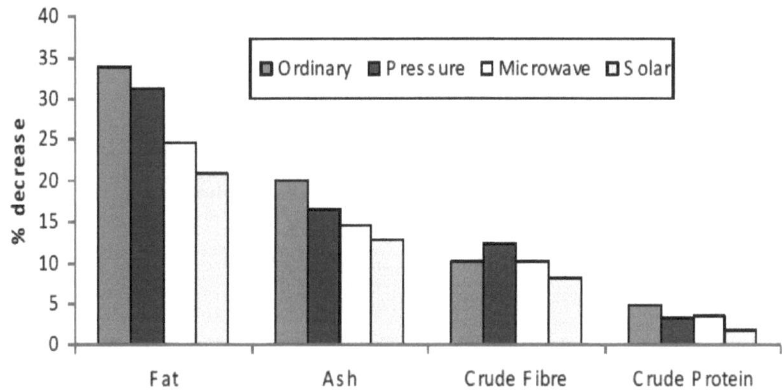

Fig. 1: Diminuição percentual da composição proximal influenciada pelos métodos de cozedura

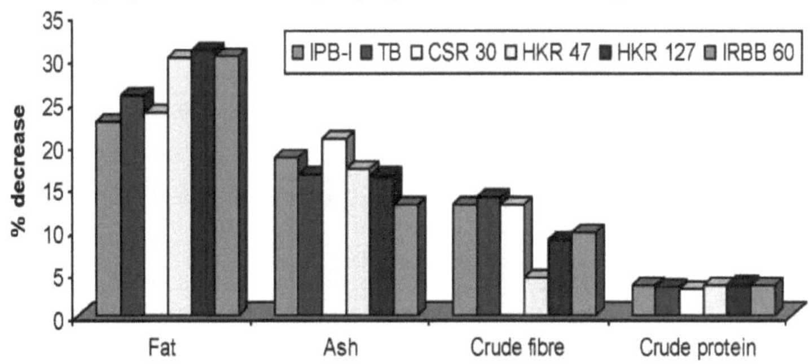

Fig. 2: Diminuição percentual da composição proximal das variedades de arroz após cozedura

4.3.3.2 Fracionamento de solubilidade de proteínas:

As fracções proteicas das variedades de arroz sob vários métodos de cozedura são apresentadas nos quadros 4.13 e 4.14.

Albumina

O teor de albumina de todas as variedades de arroz variou de 0,321 a 0,387 g/100 g em amostras não cozidas e diminuiu significativamente após a cozedura por todos os métodos (Tabela 4.13). Entre os vários métodos de cozedura, o decréscimo significativamente mais elevado, em termos médios, verificou-se no arroz normal (39,83%), seguido do arroz de micro-ondas (37,82%), do arroz cozinhado sob pressão (34,96%) e do arroz cozinhado ao sol (33,52%). O teor de albumina foi semelhante nos métodos de cozedura sob pressão e solar, micro-ondas e pressão, e normal e micro-ondas. As fracções de albumina no arroz variaram entre 4,06 e 4,31% das proteínas solúveis totais após a cozedura, em comparação com 6,41% no controlo cru. Após a cozedura, as variedades basmati apresentaram um teor mais elevado de albumina numa base média, com valores que variaram entre 0,223 e 0,248 g/100 g, em comparação com as variedades grosseiras (0,202 a 0,216 g/100 g). O teor de albumina foi significativamente (P<0,05) mais elevado no Taraori Basmati (0,248 g/100 g) e no CSR 30 (0,235 g/100 g) do que nas variedades de arroz grosso.

Quadro 4.13: Efeito dos métodos de cozedura nos teores de albumina e globulina (g/100 g) das *variedades* de arroz *(em base de peso seco)*

Variedades	Bruto	Métodos de cozedura				
		Comum	Pressão	Micro-ondas	Solar	Média
Albumina						
IPB-I	0.352±0.01 (5.62)	0.212±0.01 (3.58)	0.228±0.01 (3.76)	0.220±0.01 (3. 62)	0.230±0.01 (3.72)	**0.223** (3.67)
TB	0.387±0.01 (6.45)	0.240±0.01 (4.21)	0.251±0.01 (4.31)	0.244±0.01 (4.17)	0.255±0.01 (4.29)	**0.248** (4.24)
CSR 30	0.356±0.00 (6.28)	0.222±0.01 (4.13)	0.240±0.01 (4.37)	0.228±0.01 (4.12)	0.250±0.01 (4.45)	**0.235** (4.26)
HKR 47	0.342±0.00 (6.99)	0.204±0.01 (4.37)	0.225±0.01 (4.78)	0.210±0.01 (4.44)	0.225±0.01 (4.68)	**0.216** (4.56)
HKR 127	0.335±0.00 (6.62)	0.195±0.01 (4.07)	0.210±0.01 (4.31)	0.204±0.01 (4.17)	0.217±0.01 (4.34)	**0.207** (4.22)
IRBB 60	0.321±0.00 (6.50)	0.189±0.01 (4.02)	0.208±0.01 (4.35)	0.197±0.01 (4.10)	0.215±0.01 (4.39)	**0.202** (4.21)
Média	**0.349** (6.41)	**0.210** (4.06)	**0.227** (4.31)	**0.217** (4.10)	**0.232** (4.31)	
CD (P≤0,05) Variedade 0,013 Bruto v/s Método 0,010 Método 0,011 Interação NS						
Globulina						
IPB-I	0.809±0.01 (12.91)	0.595±0.01 (10.04)	0.631±0.01 (10.40)	0.615±0.01 (10.12)	0.651±0.01 (10.54)	**0.623** (10.27)
TB	0.792±0.00	0.604±0.02	0.648±0.01	0.625±0.01	0.665±0.01	**0.635**

	(13.26)	(10.60)	(11.13)	(10.69)	(11.19)	(10.65)
CSR 30	0.816±0.00 (14.40)	0.618±0.01 (11.49)	0.654±0.01 (11.89)	0.640±0.01 (11.57)	0.673±0.01 (11.98)	**0.646** (11.73)
HKR 47	0.751±0.00 (15.44)	0.562±0.01 (12.02)	0.595±0.01 (12.63)	0.580±0.01 (12.28)	0.610±0.01 (12.70)	**0.587** (12.40)
HKR 127	0.810±0.00 (16.00)	0.608±0.01 (12.67)	0.651±0.01 (12.35)	0.630±0.01 (12.87)	0.676±0.01 (13.51)	**0.641** (12.85)
IRBB 60	0.766±0.00 (15.49)	0.586±0.01 (12.48)	0.619±0.01 (12.95)	0.605±0.01 (12.60)	0.644±0.01 (13.15)	**0.614** (12.79)
Média	**0.791** (14.6)	**0.595** (11.6)	**0.633** (11.9)	**0.616** (11.7)	**0.653** (12.2)	
CD (P≤0,05) Variedade 0,014 Bruto v/s Método 0,011Método 0,012 Interação NS						

Os valores são a média ± SE de três determinações independentes

Os valores entre parênteses indicam a distribuição percentual da fração de albumina e globulina

Globulina

O teor de globulina devido a todos os tipos de métodos de cozedura diminuiu significativamente (P<0,05) em relação ao controlo do arroz não cozinhado (Quadro 4.13). O teor de globulina diferiu significativamente nas amostras de arroz cozido devido aos métodos de cozedura. A diminuição percentual em relação ao controlo foi de 24,8, 22,1, 20,0 e 17,5 devido aos métodos de cozedura normal, micro-ondas, pressão e solar, respetivamente. Nas amostras de arroz cozinhado, a fração de globulina variou entre 11,6 e 12,2 por cento do total de proteínas solúveis sob vários métodos de cozedura, em comparação com 14,6 por cento nas amostras cruas. As variedades CSR 30, HKR 127 e Taraori Basmati apresentaram um teor de globulina comparativamente mais elevado (0,635 a 0,646 g/100 g) em comparação com outras variedades.

Prolamin

O conteúdo de prolamina diminuiu significativamente (26,69 a 35,46%) como resultado de todos os métodos de cozimento (Tabela 4.14). Em média, o conteúdo de prolamina foi significativamente (P<0,05) mais elevado no arroz cozinhado normal (0,184 g/100 g), enquanto que os métodos de cozedura por pressão, micro-ondas e solar tiveram um efeito semelhante nas prolaminas. A prolamina era uma fração menor no arroz e, entre os vários métodos de cozedura, variava entre 3,0 e 3,6 por cento da proteína solúvel total, contra 4,6 por cento no arroz cru. As variedades Basmati Improved Pusa Basmati-I e Taraori Basmati estavam ao mesmo nível (0,180 a 0,186 g/100 g) e tinham significativamente (P<0,05) mais teor de prolamina do que as restantes variedades (0,150 a 0,172 g/100 g), com o valor mais baixo no HKR 127.

Glutelina

Os dados apresentados no quadro 4.14 indicam que o teor de glutelina do arroz cru (4,08 g/100 g) aumentou significativamente após a cozedura (4,21 a 4,36 g/100 g). Entre os métodos de cozedura, os métodos de cozedura à pressão, micro-ondas e solar foram quase semelhantes no que diz respeito ao seu efeito no teor de glutelina (4,27 a 4,36 g/100 g) do arroz. Além disso, os métodos de cozedura normal e sob pressão foram semelhantes entre si. Entre as fracções proteicas, a glutelina representou 80,5 a 81,0 por cento da proteína solúvel total em amostras de arroz cozinhadas através de vários métodos de cozedura. As variedades basmati tinham significativamente (P<0,05) mais conteúdo de glutelina (4,45 a 5,03 g/100 g) em comparação com as variedades grossas (3,76 a 3,90 g/100 g). As variedades de Basmati diferiram significativamente (P<0,05) no teor de glutelina após a cozedura e a sua ordem de significância foi Improved Pusa Basmati-I > Taraori Basmati > CSR 30.

Quadro 4.14: Efeito dos métodos de cozedura nos teores de prolamina e glutelina (g/100 g) das variedades de arroz (em base de peso seco)

Variedades	Bruto	Métodos de cozedura				
		Comum	**Pressão**	**Micro-ondas**	**Solar**	**Média**
			Prolamin			
IPB-I	0.268±0.00 (4.27)	0.200±0.01 (3.37)	0.181±0.00 (2.98)	0.185±0.01 (3.04)	0.177±0.00 (2.87)	**0.186** (3.06)
TB	0.267±0.00 (4.45)	0.196±0.00 (3.44)	0.172±0.00 (2.95)	0.179±0.01 (3.06)	0.173±0.01 (2.91)	**0.180** (3.09)
CSR 30	0.250±0.01 (4.41)	0.187±0.00 (3.48)	0.164±0.00 (2.98)	0.172±0.01 (3.11)	0.163±0.00 (2.90)	**0.172** (3.12)
HKR 47	0.252±0.00 (5.15)	0.178±0.00 (3.81)	0.158±0.00 (3.36)	0.164±0.01 (3.47)	0.160±0.00 (3.33)	**0.165** (3.49)
HKR 127	0.216±0.00 (4.27)	0.164±0.00 (3.42)	0.147±0.01 (3.01)	0.150±0.01 (3.07)	0.140±0.01 (2.80)	**0.150** (3.07)
IRBB 60	0.252±0.00 (5.11)	0.181±0.01 (3.85)	0.164±0.00 (3.43)	0.168±0.00 (3.50)	0.157±0.00 (3.21)	**0.168** (3.50)
Média	**0.251** (4.6)	**0.184** (3.6)	**0.164** (3.1)	**0.170** (3.2)	**0.162** (3.0)	
CD (P≤0,05) Variedade 0,007 Bruto v/s Método 0,006 Método 0,006 Interação NS						
			Glutelina			
IPB-I	4.84± 0.05 (77.20)	4.92±0.08 (83.01)	5.03±0.08 (82.86)	5.06±0.11 (83.22)	5.12±0.09 (82.87)	**5.03** (82.99)
TB	4.55±0.05 (75.84)	4.66±0.09 (81.75)	4.75±0.07 (81.61)	4.80±0.08 (82.08)	4.85±0.07 (81.61)	**4.77** (81.76)

CSR 30	4.25±0.04 (74.91)	4.35±0.07 (80.90)	4.44±0.09 (80.76)	4.49±0.09 (81.20)	4.53±0.09 (80.67)	**4.45** (80.88)
HKR 47	3.54±0.03 (72.42)	3.73±0.08 (79.80)	3.73±0.04 (79.23)	3.77±0.08 (79.81)	3.81±0.08 (79.29)	**3.76** (79.56)
HKR 127	3.70±0.04 (73.11)	3.83±0.07 (79.84)	3.87±0.09 (79.33)	3.91±0.09 (79.89)	3.97±0.08 (79.35)	**3.90** (79.60)
IRBB 60	3.60±0.03 (72.90)	3.74±0.08 (79.64)	3.79±0.06 (79. 27)	3.83±0.06 (79.80)	3.88±0.07 (79.25)	**3.81** (79.49)
Média	**4.08** (74.4)	**4.21** (80.8)	**4.27** (80.5)	**4.31** (81.0)	**4.36** (80.5)	
CD (P≤0,05) Variedade 0,11Bruto v/s Método 0,09Método 0,09Interacção NS						

Os valores são a média ± SE de três determinações independentes

Os valores entre parênteses indicam a distribuição percentual da fração de prolamina e glutelina

4.3.3.3 Hidratos de carbono

Os dados sobre a composição de hidratos de carbono de diferentes variedades de arroz, influenciada por vários métodos de cozedura, são apresentados no quadro 4.15 para o amido e a amilose e no quadro 4.16 para os açúcares solúveis totais, açúcares redutores e açúcares não redutores.

Amido

Os dados apresentados no quadro 4.15 indicam que a cozedura provocou um aumento de 2,6 a 4,3 por cento no teor de amido em relação às amostras de arroz não cozido. No entanto, observou-se que as diferenças no teor de amido afectadas pelos vários métodos de cozedura não eram significativas entre si. As variedades basmati, Improved Pusa Basmati-I e Taraori Basmati, apresentaram significativamente (P<0,05) menor teor de amido após a cozedura (76,90 a 78,40 g/100 g) em comparação com as três variedades grosseiras (81,63 a 81,90 g/100 g). O aumento do teor de amido após a cozedura em relação ao controlo em bruto foi ligeiramente superior nas variedades grosseiras (3,6 a 4,2%) em comparação com as variedades basmati (2,8 a 3,4%).

Quadro 4.15: Efeito dos métodos de cozedura nos teores de amido e amilose (g/100 g) das *variedades* de arroz *(em base de peso seco)*

Variedades	Bruto	Métodos de cozedura				
		Comum	**Pressão**	**Micro-ondas**	**Solar**	**Média**
Amido						
IPB-I	74.48±0.81	77.47±0.86	77.21±0.86	76.01±1.73	76.91±1.54	**76.90**
TB	76.24±0.56	78.95±0.92	78.62±1.13	77.52±1.45	78.51±1.16	**78.40**

CSR 30	77.23±1.72	80.34±1.20	80.29±1.58	78.98±1.36	79.85±1.23	**79.86**
HKR 47	78.60±0.51	82.52±1.32	82.19±1.27	81.24±1.24	81.38±1.10	**81.83**
HKR 127	79.05±1.40	82.37±1.32	82.24±1.58	81.22±1.21	81.75±1.31	**81.90**
IRBB 60	78.52±0.90	82.17±1.47	81.73±1.55	80.92±0.96	81.72±1.09	**81.63**
Média	**77.35**	**80.64**	**80.38**	**79.32**	**80.02**	
CD (P≤0,05) Variedade 1,83Bruto v/s Método 1,42Método NSInteracção NS						
Amilose						
IPB-I	21.90±0.32	21.45±0.76	22.34±0.67	21.93±0.32	21.71±0.76	**21.86**
TB	22.41±0.33	21.99±0.70	22.88±0.62	22.47±0.84	22.28±0.62	**22.41**
CSR 30	24.21±0.41	23.70±0.71	24.62±0.88	24.26±0.76	23.97±0.45	**24.14**
HKR 47	22.97±0.52	22.43±0.72	23.40±0.53	23.02±1.01	22.68±0.52	**22.88**
HKR 127	18.20±0.31	17.72±0.83	18.66±0.68	18.25±0.74	18.05±0.29	**18.17**
IRBB 60	23.95±0.33	23.52±0.74	24.36±0.65	24.04±0.73	23.85±0.37	**23.94**
Média	**22.27**	**21.80**	**22.71**	**22.33**	**22.09**	
CD (P≤0,05) Variedade 0,97Bruto v/s Método NS Método NSInteracção NS						

Os valores são a média ± SE de três determinações independentes

Amilose

Os dados apresentados no quadro 4.15 revelam que o teor de amilose não foi influenciado significativamente por nenhum dos métodos de cozedura em comparação com as amostras em bruto. O teor de amilose devido a todos os métodos de cozedura foi máximo no CSR 30 (23,70 a 24,62 g/100 g), seguido de perto pelo IRBB 60 (23,52 a 24,36 g/100 g); estas duas variedades tinham um teor de amilose significativamente (P<0,05) mais elevado do que as variedades HKR 47, Taraori Basmati e Improved Pusa Basmati-I (21,45 a 23,40 g/100 g) e a menor quantidade foi encontrada no HKR 127 (17,72 a 18,66 g/100 g).

Açúcares solúveis totais

Os dados relatados na tabela 4.16 indicam que os açúcares solúveis totais (1,81 a 1,94 g/100 g) do arroz diminuíram significativamente (P<0,05) devido aos métodos de cozimento empregados em relação às amostras cruas (2,55 g/100 g). Em média, os açúcares solúveis totais resultantes da cozedura por micro-ondas (1,94 g/100 g) foram significativamente superiores aos dos métodos de cozedura normal (1,81 g/100 g) e de pressão (1,87 g/100 g), mas estatisticamente semelhantes aos do método de cozedura solar (1,91 g/100 g). Os açúcares solúveis totais após a cozedura foram significativamente mais elevados (2,08 g/100 g) no Taraori Basmati em comparação com outras variedades (1,66 a 2,01 g/100 g). Além disso, a variedade Improved Pusa

Basmati-I apresentou açúcares solúveis totais significativamente (P<0,05) mais elevados (2,01 g/100 g) do que as restantes variedades estudadas, com menor teor na HKR 127 (1,66 g/100 g).

Reduzir os açúcares

A cozedura do arroz por vários métodos diminuiu significativamente (P<0,05) os açúcares redutores (0,25 a 0,27 g/100 g) em comparação com o arroz não cozinhado (Quadro 4.16). Os açúcares redutores eram quase iguais no arroz cozinhado por micro-ondas, solar e sob pressão; o arroz cozinhado normal tinha menos açúcares redutores do que o arroz cozinhado por micro-ondas, mas era igual ao arroz cozinhado por solar e sob pressão. O HKR 47 apresentou açúcares redutores significativamente mais elevados após a cozedura por todos os métodos (0,26 a 0,28 g/100 g) em comparação com outras variedades (0,25 a 0,27 g/100 g), com o teor mais baixo no HKR 127.

Açúcares não redutores

Os dados apresentados na tabela 4.16 indicaram que os açúcares não redutores após a cozedura variaram entre 1,56 e 1,68 g/100 g no arroz cozinhado por vários métodos e estes valores foram significativamente (P<0,05) mais baixos em comparação com o arroz não cozinhado (1,95 g/100 g).

Entre os métodos de cozedura, as amostras cozinhadas no micro-ondas apresentaram açúcares não redutores significativamente (P<0,05) mais elevados (1,68 g/100 g) do que os métodos de pressão (1,61 g/100 g) e normal (1,56 g/100 g), mas quase ao mesmo nível que o método de cozedura solar (1,64 g/100 g), em termos médios. Além disso, o método de cozedura sob pressão foi igual ao método de cozedura solar e ao método de cozedura normal no que se refere ao seu efeito sobre os açúcares não redutores. Em média, as variedades Taraori Basmati e Improved Pusa Basmati-I após cozedura apresentaram um teor de açúcares não redutores significativamente mais elevado (1,75 a 1,82 g/100 g) em comparação com as variedades HKR 47 e CSR 30 (1,61 a 1,64 g/100 g), bem como as variedades IRBB 60 e HKR 127 (1,41 a 1,52 g/100 g).

Quadro 4.16: Efeito dos métodos de cozedura nos açúcares solúveis totais, redutores e não redutores (g/100 g) das variedades de arroz (em base de peso seco)

Variedades	Bruto	Métodos de cozedura				
		Comum	Pressão	Micro-ondas	Solar	Média
Açúcares solúveis totais						
IPB-I	2.68±0.04	1.95±0.07	2.00±0.04	2.07±0.04	2.03±0.01	**2.01**
TB	2.87±0.05	2.01±0.06	2.07±0.02	2.14±0.03	2.10±0.03	**2.08**
CSR 30	2.46±0.08	1.80±0.06	1.85±0.06	1.92±0.07	1.89±0.11	**1.86**
HKR 47	2.55±0.07	1.83±0.04	1.89±0.03	1.97±0.02	1.94±0.07	**1.91**

HKR 127	2.35±0.03	1.58±0.06	1.65±0.05	1.72±0.05	1.68±0.04	**1.66**
IRBB 60	2.42±0.05	1.71±0.04	1.77±0.04	1.84±0.04	1.81±0.06	**1.78**
Média	**2.55**	**1.81**	**1.87**	**1.94**	**1.91**	
CD (P≤0,05) Variedade 0,07Bruto v/s Método 0,06 Método 0.06Interacção NS						
Reduzir os açúcares						
IPB-I	0.62±0.01	0.26±0.01	0.26±0.01	0.27±0.00	0.27±0.00	**0.27**
TB	0.62±0.01	0.26±0.01	0.26±0.01	0.27±0.00	0.27±0.01	**0.26**
CSR 30	0.59±0.01	0.25±0.01	0.25±0.00	0.26±0.01	0.26±0.01	**0.26**
HKR 47	0.65±0.00	0.26±0.00	0.27±0.01	0.28±0.00	0.27±0.01	**0.27**
HKR 127	0.57±0.00	0.25±0.00	0.25±0.00	0.26±0.01	0.25±0.00	**0.25**
IRBB 60	0.60±0.01	0.25±0.01	0.26±0.01	0.27±0.00	0.26±0.01	**0.26**
Média	**0.61**	**0.25**	**0.26**	**0.27**	**0.26**	
CD (P≤0,05) Variedade 0,01Bruto v/s Método 0,01Método 0,01Interacção NS						
Açúcares não redutores						
IPB-I	2.06±0.04	1.69±0.06	1.74±0.05	1.79±0.05	1.76±0.01	**1.75**
TB	2.25±0.05	1.75±0.05	1.81±0.02	1.87±0.03	1.84±0.04	**1.82**
CSR 30	1.87±0.08	1.55±0.06	1.59±0.06	1.66±0.07	1.63±0.12	**1.61**
HKR 47	1.90±0.06	1.57±0.04	1.62±0.03	1.70±0.02	1.67±0.08	**1.64**
HKR 127	1.78±0.03	1.33±0.07	1.40±0.04	1.46±0.05	1.43±0.04	**1.41**
IRBB 60	1.82±0.04	1.46±0.04	1.51±0.05	1.57±0.04	1.55±0.07	**1.52**
Média	**1.95**	**1.56**	**1.61**	**1.68**	**1.64**	
CD (P≤0,05) Variedade 0,07Bruto v/s Método 0,06Método 0,06Interacção NS						

Os valores são a média ± SE de três determinações independentes

4.3.3.4 Digestibilidade proteica *in vitro*

A digestibilidade proteica in vitro em várias variedades de arroz variou de 81,13 a 90,50% em cozimento solar, 78,50 a 90,00% em cozimento sob pressão, 77,10 a 89,90% em cozimento por micro-ondas e 76,20 a 88,40% em amostras de cozimento comum (Tabela 4.17). Numa base média, a digestibilidade proteica *in vitro* do arroz foi significativamente (P<0,05) melhorada pela cozedura (19,6 a 26,5%) em comparação com o arroz não cozinhado (68,45%), conforme ilustrado na Fig. 3. Entre os vários métodos de cozedura, o arroz cozinhado à pressão e ao sol apresentou uma digestibilidade proteica *in vitro quase semelhante* e significativamente (P<0,05) superior à do arroz cozinhado normal (81,87%). Também se registou uma digestibilidade proteica in vitro quase semelhante nas amostras de arroz cozinhado à pressão e no micro-ondas.

Quadro 4.17: Efeito dos métodos de cozedura na digestibilidade *in vitro* da proteína e do amido (%) das *variedades de arroz (em base de peso seco)*

Variedades	Bruto	Métodos de cozedura				
		Comum	**Pressão**	**Micro-ondas**	**Solar**	**Média**
Digestibilidade proteica *in vitro*						
IPB-I	72.8±0.81	88.40±1.80	90.00±1.65	89.90±2.03	90.50±1.91	**89.70**
TB	70.1±1.19	85.30±1.86	89.20±1.76	87.90±1.53	90.40±1.32	**88.20**
CSR 30	75.7±1.44	80.90±1.21	83.90±1.58	83.00±1.22	85.80±1.62	**83.40**
HKR 47	68.8±0.70	83.40±1.63	87.10±1.47	85.90±1.27	88.90±1.33	**86.32**
HKR 127	62.4±1.25	77.00±2.14	80.30±1.42	80.20±1.68	82.90±1.57	**80.10**
IRBB 60	60.9±0.70	76.20±1.56	78.50±1.97	77.10±1.80	81.13±1.73	**78.23**
Média	**68.45**	**81.87**	**84.83**	**84.00**	**86.60**	
CD (P≤0,05) Variedade 2,35 Bruta v/s Método 1,78Método 1,92Interacção NS						
Digestibilidade *in vitro* do amido						
IPB-I	46.70±0.70	91.90±0.75	92.20±0.61	92.73±1.18	93.23±1.59	**92.52**
TB	46.00±0.40	92.07±1.04	92.50±1.23	93.23±0.93	93.83±1.17	**92.93**
CSR 30	44.83±0.70	89.67±1.62	90.53±1.59	91.00±1.49	91.47±1.34	**90.67**
HKR 47	50.03±0.69	92.90±0.85	93.43±0.81	93.47±0.82	93.07±0.64	**93.22**
HKR 127	45.83±0.50	88.13±1.38	88.87±1.88	90.00±1.80	90.40±1.33	**89.35**
IRBB 60	45.13±0.87	88.93±1.45	89.33±1.20	90.27±1.13	90.87±1.40	**89.85**
Média	**46.42**	**90.60**	**91.14**	**91.80**	**92.14**	
CD (P≤0,05) Variedade 1,80Bruto v/s Método 1,35Método NSInteracção NS						

Os valores são a média ± SE de três determinações independentes

A digestibilidade proteica *in vitro* da variedade Improved Pusa Basmati-I após cozedura foi significativamente (P<0,05) mais elevada (89,70%) do que todas as outras variedades, exceto a Taraori Basmati (88,20%). Além disso, a variedade Taraori Basmati após cozedura apresentou uma digestibilidade proteica *in vitro* significativamente mais elevada do que as variedades CSR 30, HKR 127 e IRBB 60, mas foi igual à variedade HKR 47 (86,32%).

4.3.3.5 Digestibilidade *in vitro* do amido

Os dados apresentados no quadro 4.17 indicam que a digestibilidade *in vitro* do amido do arroz após cozedura por vários métodos variou entre 90,60 e 92,14%, em comparação com a digestibilidade do arroz cru (46,42%). Registou-se um aumento notável na digestibilidade *in vitro* do amido com todos os métodos de cozedura (95,2 a 98,5%) em relação às amostras não cozinhadas (Fig. 3). No entanto, os vários métodos de cozedura não diferiram significativamente (P<0,05) entre si no que diz respeito à digestibilidade in *vitro do amido*. A digestibilidade *in vitro* do amido das variedades de arroz HKR 47 (93,22%), Taraori Basmati (92,93%) e Pusa Basmati-I melhorado (92,52%) após a cozedura foi quase semelhante e significativamente (P<0,05) superior à das variedades CSR 30, HKR 127 e IRBB 60.

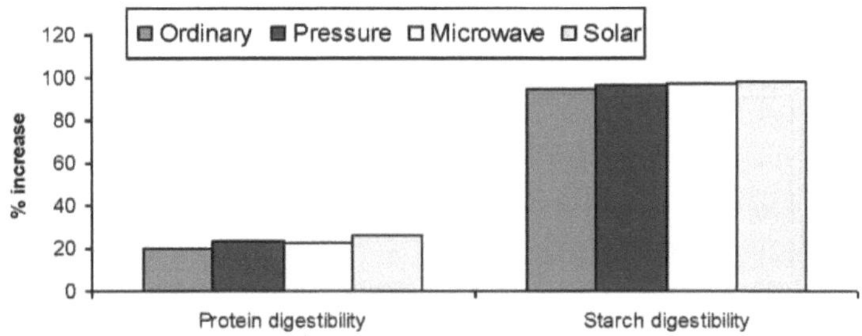

Fig. 3: Aumento percentual da digestibilidade *in vitro das* proteínas e do amido em função dos métodos de cozedura

4.3.3.6 Total de minerais

Os dados sobre a composição mineral total de várias variedades de arroz, influenciada por diferentes métodos de cozedura, são apresentados nos quadros 4.18 e 4.19. Os resultados dos métodos de cozedura foram discutidos abaixo, em comparação com amostras em bruto de várias variedades, uma vez que a interação variedade x método de cozedura foi considerada não significativa.

Cálcio

O teor total de cálcio das amostras cozinhadas diminuiu significativamente (P<0,05) devido aos vários métodos de cozedura (16,7 a 22,2%) em relação ao controlo cru (Quadro 4.18 e Fig. 4). No entanto, os métodos de cozedura não diferiram significativamente entre si. O teor de cálcio em todos os métodos de cozedura foi mais elevado no CSR 30 (12,70 a 13,65 mg/100 g) e no HKR 47 (12,60 a 13,45 mg/100 g) em comparação com o Improved Pusa Basmati-I, o Taraori Basmati e o HKR 127 (11,70 a 12,75 mg/100 g) e menos no IRBB 60 (11,20 a 12,00 mg/100 g). O teor de cálcio após a cozedura diminuiu de 15,9 a 17,6% no basmati e de 20,9 a 21,7% nas variedades de arroz grosso (Fig. 5).

Fósforo

A cozedura resultou numa diminuição significativa (P<0,05) do teor de fósforo do arroz em comparação com as amostras cruas (Tabela 4.18). Em média, a diminuição percentual em relação ao controlo cru foi de 29,2, 25,8, 25,4 e 24,7 quando foi cozinhado pelos métodos de cozedura normal, pressão, micro-ondas e solar, respetivamente (Fig. 4). Entre os vários métodos, o teor de fósforo foi significativamente (P<0,05) mais baixo na cozedura normal (120,32 mg/100 g) em comparação com os outros métodos de cozedura, que foram iguais entre si (126,09 a 127,97 mg/100 g).

Quadro 4.18: Efeito dos métodos de cozedura nos teores totais de cálcio, fósforo e magnésio (mg/100 g) das variedades de arroz (em base de peso seco)

Variedades	Bruto	Métodos de cozedura				
		Comum	**Pressão**	**Micro-ondas**	**Solar**	**Média**
			Cálcio total			
IPB-I	14.92±0.18	11.95±0.41	12.15±0.46	12.45±0.77	12.75±0.38	**12.33**
TB	14.62±0.09	11.75±0.48	12.25±0.36	12.50±0.42	12.70±0.42	**12.30**
CSR 30	16.05±0.15	12.70±0.42	13.15±0.60	13.40±0.31	13.65±0.52	**13.22**
HKR 47	16.65±0.18	12.60±0.85	12.95±0.41	13.13±0.81	13.45±0.39	**13.03**
HKR 127	15.30±0.15	11.70±0.43	12.05±0.51	12.20±0.90	12.45±0.41	**12.10**
IRBB 60	14.85±0.12	11.20±0.50	11.50±0.43	11.80±0.74	12.00±0.43	**11.63**
Média	**15.40**	**11.98**	**12.34**	**12.58**	**12.83**	
CD (P≤0,05) Variedade 0,77Bruto v/s Método 0,57Método NSInteracção NS						
			Fósforo total			
IPB-I	169.26±1.2	120.18±1.8	125.78±1.9	126.40±1.8	127.85±1.8	**125.05**
TB	166.75±1.3	118.45±1.9	124.28±1.9	124.85±2.3	126.02±1.8	**123.40**
CSR 30	165.44±1.2	117.33±1.7	123.34±1.9	123.70±1.9	125.08±2.3	**122.36**
HKR 47	172.88±1.2	121.95±1.6	127.65±1.8	128.31±1.6	129.65±2.0	**126.89**
HKR 127	174.08±1.2	122.85±1.7	128.75±1.8	129.36±1.5	130.47±1.7	**127.86**
IRBB 60	171.25±1.1	121.15±1.7	126.76±1.7	127.68±1.7	128.73±2.0	**126.08**
Média	**169.94**	**120.32**	**126.09**	**126.72**	**127.97**	
CD (P≤0,05) Variedade 2,61Bruto v/s Método 1,99Método 2,13Interacção NS						
			Magnésio total			
IPB-I	49.75±0.20	42.26±0.73	43.06±1.02	43.84±1.47	44.23±1.28	**43.35**
TB	49.21±0.54	41.84±1.11	42.54±1.42	43.28±1.14	44.09±1.38	**42.94**
CSR 30	48.60±0.50	41.39±1.44	42.10±1.64	42.16±1.09	43.36±1.12	**42.25**
HKR 47	51.62±0.21	43.74±1.44	44.06±1.19	44.28±1.30	45.54±1.28	**44.40**
HKR 127	52.24±0.14	44.80±1.14	45.66±1.07	45.82±0.90	46.06±0.88	**45.58**
IRBB 60	46.91±0.19	39.46±0.74	40.22±1.09	41.12±0.99	41.58±0.86	**40.60**
Média	**49.72**	**42.25**	**42.94**	**43.42**	**44.14**	
CD (P≤0,05) Variedade 1,68 Bruto v/s Método 1,23Método NSInteracção NS						

Os valores são a média ± SE de três determinações independentes

A redução do teor de fósforo das variedades de arroz devido à cozedura foi de 26,0 a 26,6 por cento em relação ao controlo cru (Fig. 5). No entanto, as perdas no teor de fósforo nas variedades grosseiras após a cozedura foram significativamente menores em todos os métodos de cozedura do que nas variedades basmati. Entre as variedades de basmati, o Pusa Basmati-I melhorado tinha significativamente ($P<0,05$) mais fósforo (125,05 mg/100 g) após a cozedura do que a variedade CSR 30 (122,36 mg/100 g), mas o Taraori Basmati (123,40 mg/100 g) estava ao mesmo nível de ambas as variedades de basmati.

Magnésio

Os dados apresentados na tabela 4.18 revelaram que a cozedura do arroz utilizando vários métodos resultou numa diminuição significativa ($P<0,05$) do teor de magnésio na ordem dos 11,2 a 15,0 por cento (Fig. 4) em relação ao controlo cru (49,72 mg/100 g). Entre os vários métodos de cozedura, não se registaram diferenças significativas no que diz respeito ao teor de magnésio no arroz cozinhado, que variou entre 42,25 e 44,14 mg/100 g. Em várias variedades de arroz, o teor de magnésio diminuiu entre 12,7 e 13,9% após a cozedura em relação às amostras não cozinhadas (Fig. 5). O HKR 127 tinha um teor de magnésio significativamente mais elevado (45,58 mg/100 g) após a cozedura, em comparação com todas as outras variedades (40,60 a 43,25 mg/100 g), exceto o HKR 47 (44,40 mg/100 g).

Ferro

Os dados apresentados na tabela 4.19 e na fig. 4 indicam que o teor de ferro do arroz cozinhado diminuiu significativamente ($P<0,05$) devido aos vários métodos de cozedura (23,2 a 31,2%) em relação às amostras não cozinhadas. A diminuição percentual do teor de ferro das variedades de arroz variou entre 29,2 e 33,6 nos métodos de cozedura normais, 23,7 e 27,2 nos métodos de pressão, 22,4 e 25,3 nos métodos de micro-ondas e 21,2 e 24,05 nos métodos de cozedura solares, em comparação com as amostras de arroz cru. Os resultados acima indicaram que o teor de ferro no arroz cozinhado pelos métodos de cozedura solar, micro-ondas e pressão não diferiu significativamente entre si, mas foi significativamente ($P<0,05$) mais elevado do que no método de cozedura normal. Em várias variedades de arroz, o teor de ferro diminuiu entre 24,0 e 27,6% após a cozedura, em comparação com as suas amostras em bruto (Fig. 5). O Taraori Basmati tinha um teor de ferro significativamente mais elevado em todos os métodos de cozedura (1,82 a 1,97 mg/100 g) em comparação com todas as outras variedades (1,44 a 1,90 mg/100 g).

Zinco

O teor de zinco do arroz diminuiu significativamente ($P<0,05$) devido à cozedura

(Quadro 4.19). Entre os vários métodos de cozedura, diminuiu de 12,5 para 15,3 por cento em relação às amostras de arroz cru (Fig. 4). No entanto, não foram registadas diferenças significativas no teor de zinco entre os vários métodos de cozedura. O Taraori Basmati tinha um teor máximo de zinco após a cozedura (1,38 mg/100 g) e era significativamente melhor do que todas as outras variedades. Além disso, o Pusa Basmati-I melhorado (1,33 mg/100 g) tinha um teor de zinco significativamente (P<0,05) mais elevado do que todas as outras variedades (1,13 a 1,29 mg/100 g). A diminuição do teor de zinco nas variedades de arroz cozinhado variou de 9,3 a 14,2% em comparação com as suas amostras cruas (Fig. 5).

Quadro 4.19: Efeito dos métodos de cozedura nos teores totais de ferro e zinco (mg/100 g) das *variedades* de arroz *(em base de peso seco)*

Variedades	Bruto	Métodos de cozedura				
		Comum	**Pressão**	**Micro-ondas**	**Solar**	**Média**
			Ferro total			
IPB-I	2.41±0.02	1.70±0.06	1.84±0.05	1.87±0.06	1.90±0.03	**1.83**
TB	2.57±0.02	1.82±0.04	1.96±0.06	1.94±0.04	1.97±0.02	**1.92**
CSR 30	2.17±0.01	1.44±0.03	1.58±0.04	1.62±0.04	1.65±0.08	**1.57**
HKR 47	2.31±0.01	1.58±0.03	1.71±0.05	1.74±0.07	1.77±0.04	**1.70**
HKR 127	2.37±0.01	1.64±0.04	1.75±0.04	1.80±0.06	1.83±0.05	**1.75**
IRBB 60	2.37±0.03	1.60±0.06	1.74±0.07	1.78±0.02	1.80±0.07	**1.73**
Média	**2.37**	**1.63**	**1.76**	**1.79**	**1.82**	
CD (P≤0,05) Variedade 0,07Bruto v/s Método 0,05Método 0,06Interacção NS						
			Zinco total			
IPB-I	1.55±0.03	1.32±0.03	1.33±0.03	1.33±0.03	1.35±0.03	**1.33**
TB	1.59±0.04	1.36±0.02	1.38±0.03	1.38±0.02	1.39±0.02	**1.38**
CSR 30	1.50±0.02	1.26±0.02	1.30±0.03	1.28±0.03	1.31±0.03	**1.29**
HKR 47	1.35±0.01	1.16±0.03	1.20±0.02	1.19±0.05	1.20±0.02	**1.19**
HKR 127	1.33±0.02	1.13±0.04	1.15±0.03	1.15±0.03	1.16±0.04	**1.15**
IRBB 60	1.30±0.03	1.11±0.03	1.13±0.02	1.14±0.04	1.15±0.04	**1.13**
Média	**1.44**	**1.22**	**1.25**	**1.25**	**1.26**	
CD (P≤0,05) Variedade 0,04Bruto v/s Método 0,04Método NSInteracção NS						

Os valores são a média ± SE de três determinações independentes

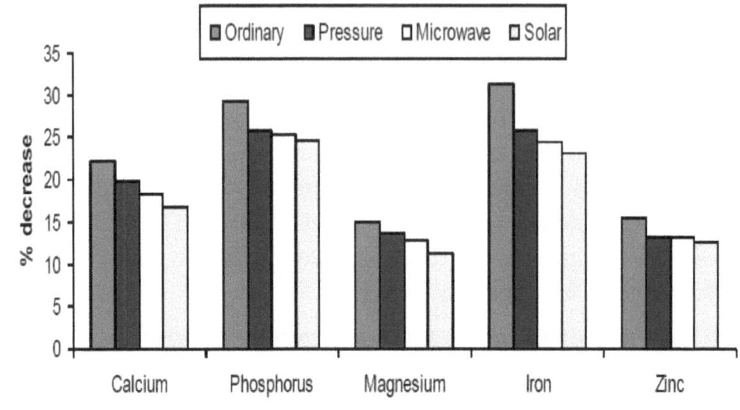

Fig. 4: Diminuição percentual dos minerais totais em função dos métodos de cozedura

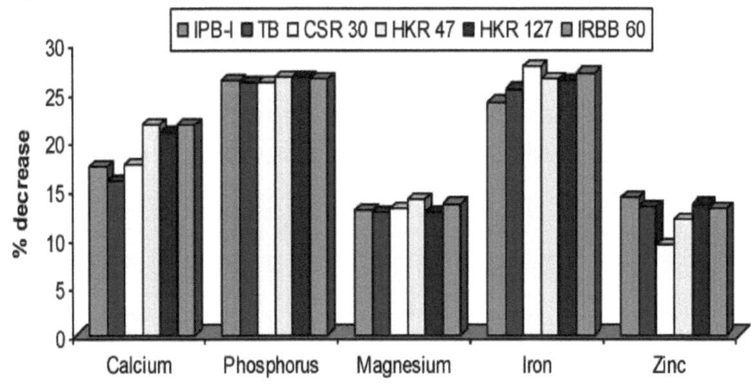

Fig. 5: Diminuição percentual dos minerais totais das variedades de arroz após cozedura

4.3.3.7 Minerais extraíveis com HCl

Os dados sobre a extractibilidade de HCl dos minerais de várias variedades de arroz, influenciados por diferentes métodos de cozedura, são apresentados no quadro 4.20 para o cálcio, fósforo e magnésio e no quadro 4.21 para o ferro e zinco.

Extractibilidade do cálcio ao HCl

Registou-se um aumento significativo na capacidade de extração de cálcio por HCl (19,0 a 24,1%) devido à cozedura do arroz em relação às amostras cruas (Quadro 4.20 e Fig. 6). A capacidade de extração de cálcio por HCl em vários métodos de cozedura variou entre 46,06 e 48,01%, mas não se registou qualquer diferença significativa ($P<0,05$) entre os vários métodos de cozedura. A variedade grosseira HKR 47 apresentou uma extractibilidade máxima de cálcio após a cozedura (50,30%), significativamente mais elevada do que as variedades Taraori Basmati, CSR 30 e IRBB 60, com uma extractibilidade de 46,44 a 47,60%, ao passo que as variedades Improved

Pusa Basmati-I e HKR 127 apresentaram uma extractibilidade de cálcio comparativamente mais baixa (44,68 a 45,52%). A cozedura aumentou a capacidade de extração de cálcio por HCl de 18,6 para 21,7% no basmati e de 20,7 para 22,6% nas variedades grosseiras (Fig. 7).

Extractibilidade do fósforo em HCl

A extractibilidade do fósforo pelo HCl aumentou significativamente (P<0,05) devido à cozedura do arroz em comparação com as amostras cruas (Quadro 4.20). O aumento percentual da capacidade de extração de fósforo por HCl variou entre 12,7 e 17,3 em relação às amostras cruas (Fig. 6). A capacidade de extração de fósforo por HCl devido aos métodos de cozedura sob pressão, micro-ondas e solar foi quase semelhante, uma vez que variou entre 62,24 e 62,95%, mas foi significativamente (P<0,05) mais elevada em comparação com o método de cozedura normal (60,51%). As variedades grosseiras apresentaram uma maior capacidade de extração de fósforo após a cozedura (63,02 a 65,65%) em comparação com as variedades basmati (57,15 a 61,62%).

No entanto, o HKR 127, entre as variedades grosseiras, teve uma extractibilidade de fósforo mais elevada e o CSR 30, entre os basmati, teve uma extractibilidade de fósforo mais baixa após a cozedura. O aumento percentual da extractibilidade do fósforo em HCl nas variedades de arroz após a cozedura variou de 11,9 a 18,2 em relação às amostras não cozinhadas (Fig. 7).

Quadro 4.20: Efeito dos métodos de cozedura na capacidade de extração de HCl (%) de cálcio, fósforo e magnésio em variedades de arroz (em base de peso seco)

Variedades	Bruto	Métodos de cozedura				
		Comum	**Pressão**	**Micro-ondas**	**Solar**	**Média**
Extractibilidade do cálcio ao HCl						
IPB-I	37.41±0.52	44.62±1.12	45.31±1.10	46.60±1.07	45.53±1.43	**45.52**
TB	39.21±0.18	47.00±1.06	47.17±1.45	48.58±1.11	47.67±1.10	**47.60**
CSR 30	39.39±0.33	45.82±1.11	46.16±1.25	47.97±1.45	46.84±1.08	**46.70**
HKR 47	41.23±0.51	49.57±1.70	49.79±1.12	51.72±1.09	50.14±1.10	**50.30**
HKR 127	37.02±0.33	43.61±1.35	44.63±1.43	45.76±1.10	44.74±1.49	**44.68**
IRBB 60	37.89±0.52	45.73±1.49	46.01±1.48	47.42±1.32	46.58±1.12	**46.44**
Média	**38.69**	**46.06**	**46.51**	**48.01**	**46.92**	
CD (P≤0,05) Variedade 1,80 Bruto v/s Método 1,33 Método NSInteracção NS						
Extractibilidade do fósforo em HCl						
IPB-I	54.90±0.45	60.04±1.14	61.95±0.90	62.10±0.84	62.38±1.36	**61.62**
TB	52.64±0.34	58.95±0.97	61.42±1.28	61.69±1.29	61.95±0.86	**61.00**
CSR 30	49.28±0.54	55.73±1.21	57.06±0.64	57.71±1.25	58.10±0.88	**55.15**

HKR 47	54.45±0.53	62.64±0.90	64.26±1.10	65.45±1.24	65.13±0.54	**64.37**
HKR 127	56.60±0.51	64.23±0.58	65.84±1.24	66.12±1.13	66.42±1.10	**65.65**
IRBB 60	54.18±0.41	61.45±1.26	62.89±0.69	64.02±1.04	63.74±0.78	**63.02**
Média	**53.68**	**60.51**	**62.24**	**62.85**	**62.95**	
CD (P≤0,05) Variedade 1,47Bruto v/s Método 1,10Método 1,20Interacção NS						
Extractibilidade do magnésio ao HCl						
IPB-I	60.56±0.31	68.12±1.51	69.90±1.70	71.20±1.47	71.30±1.55	**70.13**
TB	60.80±0.62	68.81±2.05	70.66±1.69	71.82±1.50	71.46±1.73	**70.69**
CSR 30	59.24±0.55	66.58±2.09	68.38±1.49	69.54±1.80	69.40±1.72	**68.48**
HKR 47	61.10±0.63	70.02±1.54	71.25±1.77	72.40±1.52	72.68±1.34	**71.59**
HKR 127	59.30±0.17	65.76±1.50	67.25±1.69	68.92±1.71	69.02±1.20	**67.74**
IRBB 60	57.75±0.56	66.38±1.68	67.82±1.50	68.64±1.71	68.86±1.72	**67.92**
Média	**59.79**	**67.61**	**69.21**	**70.42**	**70.45**	
CD (P≤0,05) Variedade 2,34Bruto v/s Método 1,72Método 1,91Interacção NS						

Os valores são a média ± SE de três determinações independentes

Extractibilidade do magnésio ao HCl

Os dados apresentados na tabela 4.20 e na fig. 6 revelaram que a capacidade de extração de HCl do magnésio devido à cozedura do arroz melhorou significativamente (13,1 a 17,8%) em relação às amostras cruas. As amostras de arroz cozinhado por micro-ondas e por energia solar tiveram uma capacidade de extração de HCl quase semelhante (70,42 a 70,45%) e foram significativamente superiores às do arroz cozinhado normal (67,61%); mas o arroz cozinhado sob pressão foi igual às amostras de arroz cozinhado por energia solar, por micro-ondas e normal (69,21%). A extractibilidade de HCl do magnésio em várias variedades de arroz devido à cozedura aumentou 14,2 a 17,6% em comparação com as respectivas amostras cruas (Fig. 7). A extractibilidade de HCl do magnésio após a cozedura foi máxima no HKR 47 (71,59%), que foi significativamente (P<0,05) mais elevada do que outras variedades (67,74 a 68,48%), exceto o Taraori Basmati e o Improved Pusa Basmati-I (70,13 a 70,69%)

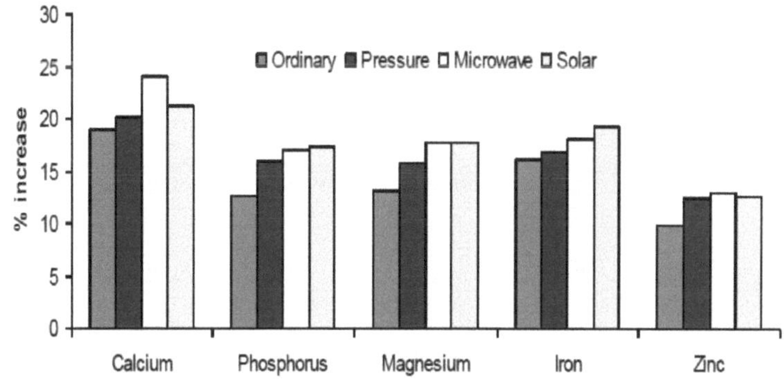

Fig. 6: Aumento percentual da capacidade de extração de HCl dos minerais em função dos métodos de cozedura

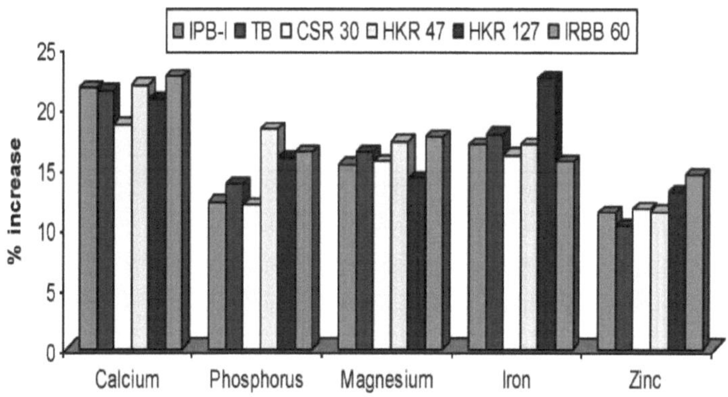

Fig. 7: Aumento percentual da capacidade de extração de minerais por HCl em variedades de arroz após cozedura

Extractibilidade do ferro ao HCl

A capacidade de extração do ferro pelo HCl aumentou significativamente (P<0,05) devido à cozedura do arroz, com um aumento percentual de 16,2 a 19,3 em comparação com as amostras cruas (Quadro 4.21 e Fig. 6). A extractibilidade do ferro pelo HCl foi máxima no arroz cozinhado ao sol (70,40%), o que foi significativamente mais elevado do que nas amostras de arroz cozinhado normal (68,56%) e sob pressão (68,97%), mas foi quase semelhante às amostras cozinhadas no micro-ondas (69,61%). Além disso, a capacidade de extração de ferro por HCl em amostras cozinhadas sob pressão foi quase semelhante à das amostras de arroz cozinhado no micro-ondas e normal. A variedade de arroz Basmati Taraori Basmati apresentou uma capacidade de extração de ferro por HCl significativamente mais elevada (73,49%) após a cozedura, em comparação com as outras variedades (62,49 a 71,43%), exceto o Pusa Basmati-I melhorado (72,45%). Numa base média, o aumento da capacidade de extração do ferro pelo HCl em todas as variedades foi observado entre 15,6 e 22,4% após a cozedura (Fig. 7).

Quadro 4.21: Efeito dos métodos de cozedura na capacidade de extração de HCl (%) de ferro e zinco em variedades de arroz (em base de peso seco)

Variedades	Bruto	Métodos de cozedura				
		Comum	Pressão	Micro-ondas	Solar	Média
Extractibilidade do ferro ao HCl						
IPB-I	61.98±1.11	71.59±0.71	71.93±0.70	72.63±0.85	73.66±0.69	**72.45**
TB	62.39±1.36	72.63±0.88	72.77±0.68	73.32±0.88	75.25±0.24	**73.49**
CSR 30	53.81±0.88	62.11±1.05	61.84±0.72	63.36±0.71	62.66±0.94	**62.49**
HKR 47	58.93±0.82	67.78±0.72	68.62±0.89	68.89±1.32	70.21±0.69	**68.87**
HKR 127	58.38±0.75	70.69±0.92	70.89±0.83	71.52±0.33	72.63±0.77	**71.43**
IRBB 60	58.45±0.73	66.54±0.99	67.79±1.20	67.92±1.02	68.00±0.52	**67.56**
Média	**58.99**	**68.56**	**68.97**	**69.61**	**70.40**	
CD (P≤0,05) Variedade 1,19 Bruto v/s Método 1,00Método 0,97Interacção NS						
Extractibilidade do zinco em HCl						
IPB-I	26.03±0.53	28.35±0.69	29.14±0.65	29.36±0.78	29.08±0.53	**28.98**
TB	26.46±0.24	28.66±0.69	29.33±0.38	29.25±0.71	29.42±0.75	**29.17**
CSR 30	25.60±0.18	27.96±0.17	28.68±0.40	28.89±0.16	28.76±0.17	**28.57**
HKR 47	25.80±0.09	28.14±0.66	28.92±0.14	29.02±0.66	28.88±0.66	**28.74**
HKR 127	24.92±0.28	27.76±0.16	28.30±0.73	28.25±0.55	28.46±0.79	**28.19**
IRBB 60	23.45±0.16	26.52±0.67	26.90±0.62	27.10±0.14	26.88±0.16	**26.85**
Média	**25.38**	**27.90**	**28.55**	**28.65**	**28.58**	
CD (P≤0,05) Variedade 0,79 Bruto v/s Método 0,59Método NSInteracção NS						

Os valores são a média ± SE de três determinações independentes

Extractibilidade do zinco em HCl

Os dados apresentados no quadro 4.21 e na fig. 6 indicam que a capacidade de extração do zinco pelo HCl devido à cozedura aumentou significativamente (9,9 a 12,9%) em relação às amostras de arroz cru. A extractibilidade do zinco por HCl variou entre 27,90 e 28,65% entre os vários métodos de cozedura, mas as diferenças entre os métodos de cozedura não foram significativas (P<0,05) entre si. A variedade Taraori Basmati apresentou uma extractibilidade máxima de zinco (29,17%), enquanto que a extractibilidade mínima foi registada na variedade IRBB 60 (26,85%) e todas as outras variedades restantes apresentaram uma extractibilidade de zinco por HCl quase semelhante (28,19 a 28,98%). O aumento percentual registado na capacidade de extração de zinco por HCl em várias variedades de arroz após a cozedura variou entre 10,2 e 14,5 em comparação com a capacidade de extração por HCl das suas amostras em bruto (Fig. 7).

CAPÍTULO - 5

DISCUSSÃO

Seis variedades de arroz, *nomeadamente* Pusa Basmati-I melhorado, Taraori Basmati (HBC 19), CSR 30 do grupo basmati e HKR 47, HKR 127 e IRBB 60 do grupo grosso, foram adquiridas na Rice Research Station, Kaul (distrito de Kaithal), Haryana, e avaliadas quanto à sua composição física e nutricional. Estas variedades foram cozinhadas por quatro métodos diferentes: normal, pressão, micro-ondas e solar e avaliadas quanto às características de cozedura, parâmetros sensoriais e composição nutricional. Os resultados do presente estudo são discutidos a seguir:

5.1 Características físicas das variedades de arroz

As características físicas dos grãos de arroz são indicadores importantes da qualidade do grão. A qualidade física inclui o tamanho do grão, a forma, o peso da semente, o volume, a capacidade de hidratação e de inchamento, a densidade e a porosidade. Os dados relativos a estas características das variedades de arroz branqueado seleccionadas para o estudo são apresentados nos quadros 4.1a e 4.1b. No arroz, o tamanho do grão é determinado pelo comprimento da amêndoa, enquanto a forma do grão é determinada pelo rácio l/b e ambas as características são importantes para a avaliação da qualidade física do grão de arroz. Os dados apresentados no quadro 4.1a indicam que as variedades de basmati Taraori Basmati e Improved Pusa Basmati-I não diferiram significativamente ($P<0,05$), mas ambas tinham grãos significativamente mais compridos (7,96 a 8,05 mm) e uma relação l/b mais elevada (4.42 a 4,57) em comparação com a variedade basmati CSR 30 (comprimento de 7,59 mm e relação l/b de 4,13) e todas as três variedades grossas, nomeadamente HKR 47, HKR 127 e IRBB 60, com comprimento variando de 6,69 a 6,86 mm e relação l/b de 3,19 a 3,30. As variedades grosseiras eram superiores em termos de largura do grão (2,07 a 2,14 mm) e espessura (1,68 a 1,69 mm) em comparação com as variedades basmati, com uma largura que variava de 1,76 a 1,84 mm e uma espessura de 1,52 a 1,62 mm. Estes resultados estão de acordo com os de Kumari e Padmavathi (1991), Suriyamoorthy e Pillaiyar (1994), Yadav *et al.* (2007) e Kamath *et al.* (2008).

O peso de cem sementes (Tabela 4.1a) nas variedades de arroz grosso variou de 1,80 a 1,88 g e no basmati variou de 1,73 a 1,77 g. Kamath *et al.* (2008) relataram valores médios de peso de 1000 grãos de variedades indianas de arroz basmati de 16,0 g e Khatoon e Prakash (2007) relataram 17,23 g. Sarkar et al. das variedades indianas de arroz basmati foi de 16,0 g e Khatoon e Prakash (2007) relataram que foi de 17,23 g. Sarkar *et al.* (1994) e Bhattacharjee e Kulkarni (2000) relataram menor peso do grão no basmati em comparação com variedades não basmati.

O volume de sementes da HKR 127 (1,30 ml/100 sementes) e das variedades de basmati Improved Pusa Basmati-I e Taraori Basmati (1,27 ml/100 sementes) foi igual e significativamente maior (P<0,05) do que o das outras variedades (Quadro 4.1a). Isso pode ser atribuído ao tamanho maior do grão nas variedades de basmati acima e mais largo na HKR 127.

A capacidade de inchaço das variedades de arroz grosso (0,383 a 0,417 ml/100 sementes) foi significativamente (P<0,05) superior à das variedades basmati (0,325 a 0,342 ml/100 sementes), ao passo que, no que respeita à capacidade de hidratação, as variedades grossas HKR 127 (0,387 g/100 sementes) e HKR 47 (0,383 g/100 sementes) foram estatisticamente iguais à Taraori Basmati (0,357 g/100 sementes) e significativamente superiores às outras variedades (Quadro 4.1b). Ebuehi e Oyewole (2007) e Khatoon e Prakash (2007) também observaram diferenças na capacidade de inchamento e hidratação das variedades de arroz, respetivamente.

As variedades de basmati Taraori Basmati e Improved Pusa Basmati-I apresentaram densidade verdadeira (1,51 a 1,54 g/ml) e porosidade (48,48 a 49,22%) significativamente mais elevadas (P<0,05) do que as outras variedades, ao passo que a densidade aparente de ambas as variedades de basmati foi comparativamente mais baixa (0,778 a 0,782 g/ml) do que as outras variedades (Quadro 4.1b). Isto é apoiado pelo facto de que, no arroz, uma vez que a densidade é praticamente constante, a curva da densidade aparente seria exatamente o inverso da curva da porosidade e depende da forma do grão. Quanto mais redondo for o grão, maior será a densidade aparente e menor a porosidade e vice-versa (Bhattacharya *et al.,* 1972). Os resultados do presente estudo são comparáveis com os relatados anteriormente por Kumar *et al.* (2003), que relataram que a densidade aparente, a densidade real e a porosidade variaram de 0,76 a 0,81 g/ml, 1,40 a 1,51 g/ml e 43,75 a 52,18 por cento, respetivamente. De igual modo, Saikia e Bains (1990), Singh *et al.* (1998) e Khatoon e Prakash (2007) registaram variações consideráveis entre as variedades de arroz no que respeita à densidade aparente, à densidade real e à porosidade.

5.2 Composição nutricional das sementes cruas

5.2.1Composição proximal

Humidade

O teor de humidade (Tabela 4.2) das variedades de arroz variou de 10,55 a 12,02 g/100 g. O IRBB 60 tinha um teor de humidade máximo (12,02 g/100 g) seguido de perto pelo HKR 47 (11,78 g/100 g) e ambos continham um teor de humidade significativamente (P<0,05) mais elevado do que todas as variedades basmati (10,55 a 10,97 g/100 g). Os presentes resultados estão de acordo com os relatados anteriormente por Firmin (1991), Deka (1998), Singh (2005) e Cameron e Wang (2005).

Gordura

Em diferentes variedades de arroz, o teor de gordura variou de 0,63 a 0,90 g/100 g (Tabela 4.2) . O HKR 47 atingiu o valor mais alto (0,90 g/100 g) de gordura e foi significativamente ($P<0,05$) superior às outras variedades. Além disso, as variedades basmati tinham um teor de gordura significativamente ($P<0,05$) mais elevado (0,76 a 0,82 g/100 g) do que a HKR 127 e a IRBB 60. Os resultados do presente estudo são comparáveis aos relatados por Sotelo *et al.* (1990), Sharma e Kheterpaul (1997a) e Singh *et al.* (1998), enquanto que Deka (1998) e Singh (2005) relataram teores de gordura mais elevados e Hsieh *et al.* (1993) e Cameron e Wang (2005) relataram teores mais baixos.

Cinzas

O teor de cinzas das diferentes variedades de arroz variou de 0,47 a 0,63 g/100 g (Tabela 4.2) . As variedades Basmati tinham um teor de cinzas quase semelhante, mas significativamente ($P<0,05$) mais elevado do que as variedades grossas. Os resultados obtidos no presente estudo estão dentro da faixa relatada por Sotelo *et al.* (1990), Awan (1996), Khatoon e Prakash (2006) e Ebuehi e Oyewole (2007), enquanto Vidal *et al.* (2007) relataram uma ampla faixa (0,19 a 0,68%) de teor de cinzas em 27 variedades de arroz.

Fibra bruta

O teor de fibra bruta variou de 0,45 a 0,54 g/100 g nas variedades de arroz (Tabela 4.2). Em termos de teor de fibra bruta, Improved Pusa Basmati-I, Taraori Basmati e IRBB 60 foram quase semelhantes (0,51 a 0,54 g/100 g) e significativamente ($P<0,05$) melhores do que outras variedades. Os resultados do presente estudo estão dentro do intervalo dos relatados anteriormente por Sotelo *et al.* (1990), Hsieh *et al.* (1993) e Deka (1998).

Proteína bruta

O teor de proteína bruta nas variedades de arroz variou de 6,94 a 8,53 g/100 g (Tabela 4.2) . As variedades Basmati exibiram significativamente ($P<0,05$) maior teor de proteína bruta do que as variedades grossas. A proteína bruta máxima foi registada no Pusa Basmati-I melhorado (8,53 g/100 g), seguido de perto pelo Taraori Basmati (8,33 g/100 g) e ambos foram significativamente ($P<0,05$) superiores ao CSR 30 (7,91 g/100 g). Os resultados da presente investigação estão próximos dos teores de proteína anteriormente relatados de 6,0 a 8,7% por Firmin (1991), Dipti *et al.* (2002) e Suwansri e Meullenet (2004); 7,9 a 8,4% por Deka (1998) e 6,6 a 9,3% por Cameron e Wang (2005) em diferentes variedades de arroz.

As possíveis razões para a variação nos resultados da composição proximal das variedades de arroz podem dever-se à sua composição genética, a alterações no estado de fertilidade do solo, a factores ambientais, etc. Sujatha *et al.* (2004) também registaram variações significativas no teor de proteína total, gordura e fibra bruta do arroz entre as variedades, as estações do ano e o estádio de transformação.

5.2.2Fracções de proteínas solúveis

A fração de albumina nas diferentes variedades de arroz em estudo variou entre 0,321 e 0,387 g/100 g (Quadro 4.3). O Taraori Basmati continha uma percentagem significativamente (P<0,05) mais elevada de proteína em albumina do que as outras variedades. No que respeita ao teor de globulina, as variedades CSR 30, HKR 127 e Improved Pusa Basmati-I foram significativamente (P<0,05) superiores às outras variedades. A fração de prolamina nas variedades de basmati Taraori Basmati e Improved Pusa Basmati-I foi significativamente (P<0,05) superior (0,267 a 0,268 g/100 g) às outras variedades. O teor de glutelina foi significativamente (P<0,05) mais elevado no Pusa Basmati-I melhorado (4,84 g/100g) do que nas outras duas variedades de basmati (4,25 a 4,55 g/100 g), bem como em todas as variedades grosseiras (3,54 a 3,70 g/100 g). A classificação de Osbourne das fracções proteicas albumina, globulina, prolamina e glutelina variou de 5,62 a 6,99: 12,91 a 16,00: 4,27 a 5,15: 72,42 a 77,20 por cento, respetivamente, nas diferentes variedades de arroz utilizadas no presente estudo.

Estes resultados revelaram que a glutelina era a maior fração proteica do arroz, seguida da globulina, enquanto a albumina e a prolamina eram as menores. Resultados semelhantes foram registados por Steenson e Sathe (1995), Ju *et al.* (2001). Vários outros trabalhadores, nomeadamente Juliano (1994), Lunial (1995), Takaiwa *et al.* (1999), Basak *et al.* (2002), Gurpreet e Sogi (2007), apresentaram uma distribuição das proteínas do arroz no fracionamento de solubilidade mais ou menos semelhante aos presentes resultados.

5.2.3Hidratos de carbono

Amido

O teor de amido das variedades de arroz (Tabela 4.4) variou de 74,48 a 79,05 g/100 g. Os resultados da presente investigação estão em consonância com os relatados anteriormente por Ahmed *et al.* (1998) em variedades de arroz de Assam, Singh *et al.* (1998) em variedades de arroz de Himachal Pradesh e Khatoon e Prakash (2006) em quatro tipos diferentes de variedades de arroz. O teor de amido das variedades grosseiras era quase semelhante ao do Taraori Basmati e do CSR 30, mas significativamente (P<0,05) superior ao do Improved Pusa Basmati-I. Lunial (1995) e Deka (1998) referiram que os valores de amido não diferiam muito entre as variedades de arroz basmati e não basmati, mas Singh (2005) registou diferenças significativas no teor de amido das variedades de arroz basmati e não basmati. A variação do teor de amido nas variedades de arroz pode dever-se à sua composição genética. Os outros possíveis factores que contribuem para os desvios podem ser devidos às actividades fotossintéticas das folhas, ao padrão de translocação de nutrientes e à utilização dos produtos fotossintéticos, à relação fonte-dreno e às enzimas implicadas no metabolismo da sacarose e do amido.

Amilose

O teor de amilose de seis variedades de arroz variou de 18,20 a 24,21 g/100 g (Tabela 4.4). A variedade CSR 30 apresentou o teor máximo de amilose e o teor mínimo de amilose foi registado na HKR 127, que foi especificada como de baixa amilose, e as restantes cinco variedades como variedades de teor intermédio de amilose. Estes resultados estão de acordo com as conclusões anteriores de Deka (1998), Dipti *et al.* (2002), Shabbir *et al.* (2008) e Shahidullah *et al.* (2009), ao passo que Bhonsle e Krishnan (2010) registaram um teor de amilose entre 17,26 e 27,69% em catorze variedades de arroz aromático.

Açúcares

Os açúcares solúveis totais entre as variedades de arroz variaram de 2,35 a 2,87 g/100 g, os açúcares redutores de 0,57 a 0,65 g/100 g e os açúcares não redutores variaram de 1,78 a 2,25 g/100 g (Tabela 4.4). Taraori Basmati teve significativamente ($P<0.05$) os açúcares solúveis totais mais altos (2.87 g/100 g) assim como açúcares não redutores (2.25 g/100 g) do que todas as outras variedades. Outra variedade de basmati, a Pusa Basmati-I melhorada, e a variedade grosseira HKR 47 foram comparáveis em açúcares totais e não redutores. Por outro lado, os açúcares redutores (0,65 g/100 g) foram significativamente mais elevados na variedade HKR 47 e mais baixos na HKR 127, em comparação com as outras variedades. Raghavaiah e Kaul (1970), Chakrabarthy *et al.* (1972) e Singh *et al.* (1998) registaram uma variação significativa nos teores de açúcares (açúcares redutores, não redutores e totais) das variedades de arroz e indicaram valores ligeiramente inferiores de açúcares em comparação com os observados no presente estudo, ao passo que Deka (1998) e Singh (2005) indicaram valores mais elevados de açúcares nas variedades de arroz. Isto pode dever-se a diferenças na composição genética das variedades, a factores ambientais e ao processamento do arroz.

5.2.4Digestibilidade *in vitro da* proteína e do amido

A digestibilidade proteica *in vitro* das variedades de arroz variou de 60,9 a 75,7% (Tabela 4.5). As variedades CSR 30 (75,7%) e Improved Pusa Basmati-I (72,8%) foram significativamente ($P<0,05$) superiores às variedades grosseiras. O Taraori Basmati (70,1%) teve uma digestibilidade proteica *in vitro* quase semelhante à do Pusa Basmati-I melhorado. Devi *et al.* (1997) também registaram a digestibilidade proteica *in vitro* de variedades de arroz entre 73,5 e 77,7%.

A digestibilidade in vitro do amido da variedade HKR 47 foi máxima (50,03%) e foi significativamente (P<0,05) superior à das outras variedades (44,83 a 46,70%), que foram comparáveis entre si (Quadro 4.5). Os presentes resultados estão em conformidade com os resultados de Khatoon e Prakash (2006) com uma digestibilidade *in vitro* do amido de 45,3 a 49,1% em amostras cruas de diferentes variedades de arroz. Deka (1998) também registou resultados semelhantes para variedades de arroz.

5.2.5Total de minerais

O conteúdo de cálcio, fósforo, magnésio, ferro e zinco das variedades de arroz variou de 14,62 a 16,65, 165,44 a 174,08, 46,91 a 52,24, 2,17 a 2,57 e 1,30 a 1,59 mg/100 g, respetivamente (Tabela 4.6). O teor de cálcio foi significativamente (P<0,05) mais elevado (16,65 mg/100 g) na HKR 47 do que nas outras variedades. Em termos de teor de fósforo e magnésio, as variedades grosseiras HKR 127 e HKR 47 eram quase comparáveis e melhores do que as outras variedades. O Taraori Basmati tinha um teor de ferro significativamente (P<0,05) mais elevado (2,57 mg/100 g), mas registou-se um teor de zinco significativamente mais elevado tanto no Taraori Basmati (1,59 mg/100 g) como no Improved Pusa Basmati-I (1,55 mg/100 g) do que nas outras variedades de arroz. Os resultados acima referidos são semelhantes às conclusões de Khatoon e Prakash (2006) para Ca, P e Fe; Sotelo *et al.* (1990) e Deka (1998) para Ca; Kouakou *et al.* (2008) para Mg; Khan e Reddy (1991), Singh *et al.* (1998) e Ahmed *et al.* (1998) para Fe; Hemalatha *et al.* (2007), Anjum *et al.* (2007), Shabbir *et al.* (2008) para o teor de Zn. Os resultados anteriores relatados em relação a Ca, P e Fe por Sharma e Kheterpaul (1997c); Ca e P por Singh *et al.* (1998); P, Fe e Zn por Deka (1998) e Singh (2005); Ca, P e Mg por Kim *et al.* (2004); Ca, Fe e Zn por Liang *et al.* (2009) e Mg por Magdy *et al.* (2010) foram ligeiramente diferentes dos resultados do presente estudo. O desvio no estado mineral do presente estudo em relação ao de vários trabalhadores pode ser atribuído a diferenças nas variedades, condições agro-climáticas, diferenças na absorção do solo e posterior translocação para os grãos e processamento e moagem do arroz.

5.2.6Extractibilidade dos minerais ao HCl

Os minerais extraíveis com HCl são aqueles que são solúveis em HCl 0,03N, a concentração de HCl encontrada no estômago humano (Chompreeda e Fields, 1984). A capacidade de extração dos minerais pelo HCl é um índice da biodisponibilidade dos minerais. Nas variedades de arroz utilizadas no estudo, a extractibilidade do cálcio pelo HCl variou entre 37,02 e 41,23%, a do fósforo entre 49,28 e 56,60% e a do magnésio entre 57,75 e 61,10% (Quadro 4.6). A HKR 47, no que diz respeito ao cálcio, e a HKR 127, no que diz respeito ao fósforo, apresentaram extractabilidades significativamente (P<0,05) mais elevadas do que as outras variedades, ao passo que a HKR 47, a Pusa Basmati-I melhorada e a Taraori Basmati estavam ao mesmo nível e eram significativamente (P<0,05) superiores às outras variedades no que diz respeito à extractabilidade do magnésio pelo HCl.

A capacidade de extração do ferro e do zinco pelo HCl variou entre 53,81 e 62,39 e entre 23,45 e 26,46 por cento, respetivamente. O Taraori Basmati e o Pusa Basmati-I melhorado tiveram uma capacidade de extração de ferro e zinco por HCl quase igual. Estas duas variedades foram significativamente (P<0,05) superiores a outras variedades na extractibilidade do ferro, mas para a extractibilidade do zinco a superioridade foi sobre a HKR 127 e a IRBB 60. Os resultados do presente estudo relativamente à extractibilidade de cálcio, ferro e fósforo por HCl foram inferiores aos comunicados por Sharma e Kheterpaul (1997c), ao passo que a extractibilidade de zinco por HCl estava de acordo com os resultados comunicados por Hemalatha *et al.* (2007). Os resultados diferenciados da extractibilidade do HCl podem ser atribuídos a diferenças varietais nestes estudos.

5.3 Efeito dos métodos de cozedura

5.3.1 Características de cozedura

O tempo de cozedura variou de 45,2 a 47,1, 11,3 a 12,2, 14,2 a 15,1 minutos para as variedades basmati e de 50,0 a 53,0, 15,4 a 17,0 e 17,3 a 18,5 minutos para as variedades de arroz grosso, nos métodos de cozedura solar, micro-ondas e normal, respetivamente (Tabela 4.7). No entanto, no método de cozedura sob pressão, todas as variedades demoraram quase o mesmo tempo de cozedura (5,5 a 7,0 minutos). A cozedura do arroz na panela solar exigiu mais tempo porque o calor não é fornecido diretamente e a temperatura aumenta lentamente com a absorção das radiações solares. Embora a cozedura solar requeira mais tempo em comparação com outros métodos, é mais barata e amiga do ambiente, uma vez que não é necessário combustível neste método. Khatoon e Prakash (2007) referiram que o tempo de cozedura exigido pelas variedades de arroz era cerca do dobro no micro-ondas (13 a 18 minutos) do que na cozedura sob pressão (6 a 7 minutos). Também referiram que o arroz basmati necessitava de menos tempo de cozedura em ambos os métodos, em comparação com outras variedades de arroz. Estes resultados confirmam as conclusões do presente estudo. O método de cozedura por micro-ondas exigiu menos tempo para cozinhar o arroz em comparação com a cozedura normal e o aquecimento é mais eficiente, com outras vantagens como um arranque mais rápido, aquecimento mais rápido, eficiência energética, poupança de espaço, aquecimento seletivo e produto final com melhor qualidade nutritiva em comparação com o aquecimento tradicional (Sumnu, 2001).

O rácio de absorção de água das variedades de arroz variou entre 2,41 e 2,98 (Quadro 4.7). Em todos os métodos de cozedura, as variedades grosseiras tiveram significativamente (P<0,05) mais absorção de água (2,62 a 3,16) em comparação com as variedades basmati (2,18 a 2,83). Estes resultados estão de acordo com o rácio de absorção de água anteriormente referido entre 2,0 e 2,59 por Deka (1998), 2,3 e 2,9 por Singh (2005), 3,09 e 3,29 por Saikia e Bains (1993) em diferentes variedades de arroz. Khatoon e Prakash (2007) referiram que o arroz basmati tinha um rácio de absorção de água inferior ao das variedades de arroz Bangara Tegalu, Gowri sanna e Jeera.

O rácio de absorção de água em todas as variedades foi significativamente ($P<0,05$) mais elevado nos métodos de cozedura por micro-ondas e normal do que nos métodos de cozedura por pressão e solar. Isto foi atribuído principalmente a uma maior perda de água por evaporação nestes métodos devido ao maior tempo de cozedura em comparação com o método de cozedura sob pressão. No método de cozedura solar, apesar do tempo máximo de cozedura, o rácio de absorção de água foi mais baixo, uma vez que as perdas por evaporação foram mínimas, pois a cozedura foi efectuada com um aumento gradual da temperatura. Khatoon e Prakash (2007) registaram uma maior absorção de água no método de micro-ondas em comparação com o método de cozedura sob pressão. No entanto, referiram um rácio de absorção de água muito mais elevado do que os resultados do presente estudo, o que pode dever-se a um tempo de cozedura mais elevado e a um modo de cozedura diferente para os estudos de absorção de água.

O rácio de alongamento das variedades de arroz foi significativamente ($P<0,05$) mais elevado na cozedura sob pressão (1,36 a 1,90) em comparação com os métodos de cozedura normal (1,23 a 1,69), micro-ondas (1,31 a 1,74) e solar (1,30 a 1,75) (Quadro 4.8). O Pusa Basmati-I melhorado e o Taraori Basmati estavam ao mesmo nível e tinham um rácio de alongamento significativamente ($P<0,05$) mais elevado do que todas as outras variedades em cada método de cozedura. O rácio de alongamento (1,86 a 1,90) destas variedades foi significativamente mais elevado no método de cozedura sob pressão do que nos métodos de cozedura por micro-ondas (1,72 a 1,74), solar (1,72 a 1,75) e normal (1,65 a 1,69). Do mesmo modo, Khatoon e Prakash (2007) registaram um rácio de alongamento elevado em amostras cozinhadas sob pressão (1,80 a 1,94) e mais baixo em amostras cozinhadas no micro-ondas (1,49 a 1,67). Os valores mais elevados do rácio de alongamento na cozedura sob pressão indicaram que a hidratação, a cozedura e a expansão (por sua vez, a gelatinização do amido) foram melhores neste método, em comparação com outros métodos. Resultados semelhantes para o rácio de alongamento foram comunicados por Ram (2000) e Pandey *et al.* (2000) em variedades de arroz aromático e Bhattacharjee *et al.*, (2002) e Deka (1998) em variedades de arroz basmati. O rácio de alongamento das variedades de arroz referido por Singh e Singh (2002) e Kamath *et al.* (2008) foi mais elevado e os referidos por Sarkar *et al.* (1994) e Dipti *et al.* (2002) foram inferiores aos valores observados no presente estudo.

O rácio de expansão do volume das variedades de arroz foi significativamente ($P<0,05$)

mais elevado na cozedura sob pressão (3,18 a 4,62) do que nos métodos de cozedura por micro-ondas (3,14 a 4,02), normal (3,17 a 4,15) e solar (3,24 a 4,35) (Quadro 4.8). O método de cozedura sob pressão teve um rácio de expansão de volume significativamente mais elevado do que todos os métodos de cozedura nas variedades grosseiras, enquanto que, na variedade de basmati CSR 30, a cozedura sob pressão foi significativamente ($P<0,05$) superior ao método de cozedura por micro-ondas. Nas outras duas variedades de basmati, ou seja, Taraori Basmati e Improved Pusa Basmati-I, a taxa de expansão do volume foi quase semelhante em todos os métodos de cozedura. Khatoon e Prakash (2007) registaram um maior volume de arroz cozinhado em amostras cozinhadas sob pressão do que em amostras cozinhadas no micro-ondas, mas as diferenças não foram significativas no arroz Jeera e Basmati e foram significativas nas variedades de arroz Gowri Sanna e Bangara Tegalu. Referiram ainda que as variedades que necessitavam de um tempo de cozedura mais longo no micro-ondas apresentavam um volume de arroz cozinhado significativamente menor do que as variedades cozinhadas sob pressão, o que indica que uma exposição mais longa ao aquecimento por micro-ondas impedia que o grão de arroz se alargasse.

Em todos os métodos de cozedura, o rácio de expansão do volume das variedades grosseiras foi significativamente ($P<0,05$) mais elevado (3,82 a 4,62) em comparação com as variedades basmati (3,14 a 3,78). Resultados semelhantes foram relatados por Bhattacharjee *et al.* (2002), que observaram que a taxa de expansão do volume do arroz basmati variou de 3,0 a 3,92, enquanto Bhonsle e Krishnan (2010) registaram uma taxa de expansão do volume de 2,36 a 4,10 em variedades de arroz tradicional aromático e de 2,73 a 3,63 em variedades basmati. A variedade Taraori Basmati apresentou significativamente ($P<0,05$) menor expansão de volume, indicando sua superioridade em relação a outras variedades de basmati. Shahidullah *et al.* (2009) referiram que os consumidores preferem um menor rácio de expansão do volume e um maior rácio de alongamento do arroz cozinhado.

5.3.2 Características sensoriais

As variedades em estudo diferiram significativamente ($P<0,05$), mas os métodos de cozedura não tiveram influência significativa na cor do arroz cozinhado (Quadro 4.9). Khatoon e Prakash (2007) não registaram qualquer diferença significativa entre o arroz cozinhado à pressão e no micro-ondas no que respeita à cor nas quatro variedades. O Taraori Basmati e o Improved Pusa Basmati-I foram "muito apreciados" pelos juízes no que respeita à sua cor, com uma pontuação média de 8,12 e 8,05, respetivamente, e foram significativamente superiores às outras variedades em todos os métodos de cozedura, que foram "apreciados moderadamente" pelos peritos. De igual modo, Jain e Bhat (1984) não encontraram diferenças significativas na cor de vários produtos em diferentes métodos de cozedura.

No que respeita aos atributos de aspeto, aroma, textura, sabor e aceitabilidade global, tanto as variedades como os métodos de cozedura diferiram significativamente (Quadros 4.9 e 4.10). O Taraori Basmati teve as pontuações médias mais elevadas para o aspeto (7,98), aroma (8,20), textura (7,90), sabor (7,78) e aceitabilidade global (8,0), seguido de perto pelo Pusa Basmati-I melhorado, com pontuações respectivas de 7,9, 8,05, 7,75, 7,68 e 7,88. Ambas estas variedades foram significativamente (P<0,05) superiores em todos os atributos sensoriais acima referidos, em comparação com a CSR 30 e as variedades grosseiras HKR 47, HKR 127 e IRBB 60. Além disso, a CSR 30 teve pontuações médias entre 7,48 e 7,65 para todos os atributos sensoriais, em comparação com todas as variedades grosseiras com pontuações médias de 6,0 a 6,9, pelo que foi colocada na categoria de "gostei ligeiramente" pelo painel de peritos. Os resultados do presente estudo estão em consonância com os relatados anteriormente por Shabbir *et al.* (2008). Foram registadas pontuações elevadas para o aspeto, o aroma e a aceitabilidade global do arroz aromático por DRR (2000), para o aroma do basmati por Nadaf *et al.* (2006) e para a aceitabilidade global das variedades de basmati por Kamath *et al.* (2008) e Bhonsle e Krishnan (2010).

As amostras de arroz cozinhado no micro-ondas tiveram pontuações médias significativamente mais elevadas (P<0,05) para a textura (7,33), o sabor (7,38) e a aceitabilidade global (7,39) em comparação com outros métodos. A pontuação média para a aparência foi a mais elevada no micro-ondas (7,32), seguida de perto pela cozedura solar (7,18), que foi igual à do método de cozedura sob pressão (7,05). No que respeita ao aroma, a cozedura solar teve a pontuação média máxima (7,27), seguida de perto pelos métodos de cozedura por pressão (7,18) e por micro-ondas (7,13). No entanto, com base na pontuação média, os atributos sensoriais dos métodos de cozedura acima referidos foram classificados como "gostei moderadamente" pelos juízes. Embora a interação variedade x método de cozedura não tenha sido significativa para os atributos sensoriais, as variedades de basmati Taraori Basmati e Improved Pusa Basmati-I, na cozedura por micro-ondas, obtiveram pontuações superiores a 8,0 para todos os atributos sensoriais e, na cozedura solar, a cor, o aspeto e o aroma de ambas as variedades, enquanto a textura e a aceitabilidade global do Taraori Basmati obtiveram uma pontuação superior a 8,0. No entanto, a cozedura sob pressão obteve uma pontuação superior a 8,0 para a cor e o aroma do Taraori Basmati e do Pusa Basmati-I melhorado, tendo o Taraori Basmati sido "classificado como superior" no que respeita ao aspeto e à aceitabilidade global no método de cozedura sob pressão.

Em estudos anteriores, Khatoon e Prakash (2007) referiram que a cor, a textura e a aceitabilidade global do arroz basmati nos métodos de cozedura por micro-ondas e por pressão não diferiam significativamente, mas na qualidade global as amostras cozinhadas por micro-ondas obtiveram uma pontuação mais elevada do que as cozinhadas por pressão. Jain e Bhat (1984) também registaram pontuações médias mais elevadas para o aroma, a textura, o sabor e a aceitabilidade global na cozedura solar do que na cozedura sob pressão, mas as diferenças não foram significativas.

5.3.3 Parâmetros nutricionais

5.3.3.1 Composição proximal Humidade

O teor de humidade foi significativamente ($P<0{,}05$) inferior no método de cozedura por micro-ondas (66,62 g/100 g) e superior no método de cozedura normal (69,67 g/100 g) em comparação com os métodos de cozedura por pressão e solar (Quadro 4.11). Khatoon e Prakash (2006) também relataram que as amostras cozidas em micro-ondas tinham significativamente menos umidade do que as cozidas sob pressão no arroz Jeera, mas em outras variedades de arroz ambos os métodos eram iguais. As variedades Basmati continham um pouco menos de humidade (67,15 a 67,82 g/100 g) do que as variedades grossas (68,43 a 70,20 g/100 g) após a cozedura. Os resultados da presente investigação estão de acordo com os de Begum e Bhattacharyya (2000), que relataram que o teor de humidade das variedades de arroz glutinoso e não glutinoso variava entre 64,5 e 74,6%. A variação do teor de humidade nas variedades de arroz cozinhado pode dever-se ao teor de humidade original das suas amostras em bruto, em combinação com a absorção de água durante a cozedura, através da aplicação de diferentes graus de calor sob vários métodos de cozedura.

Gordura

O teor de gordura diminuiu significativamente nas amostras de arroz cozinhado devido aos métodos de cozedura e variou entre 20,8% no método solar e 33,8% no método de cozedura normal (Tabela 4.11 e Fig. 1). Tanto o arroz cozinhado no micro-ondas como o arroz cozinhado no sol tinham um teor de gordura significativamente ($P<0{,}05$) mais elevado do que as amostras cozinhadas à pressão e as amostras cozinhadas normalmente. A diminuição do teor de gordura como resultado da cozedura pode dever-se a alterações químicas e físicas que ocorrem na gordura durante o aquecimento (Roth e Rock, 1972). A perda diferencial do teor de gordura entre os diferentes métodos pode dever-se à variação da perda de componentes voláteis resultante da hidrólise da gordura pelo efeito combinado da água disponível e das diferenças de temperatura durante a cozedura (Begum e Bhattacharyya, 2000). Em média, o teor de gordura diminuiu de 22,5 a 25,6% nas variedades basmati e de 30,0 a 30,9% nas variedades de arroz grosso (Tabela 4.11 e Fig. 2) após a cozedura por vários métodos. Khatoon e Prakash (2006) registaram uma diminuição da gordura de 20 a 60 por cento nos métodos de pressão e micro-ondas em diferentes variedades de arroz. No entanto, as diferenças entre os dois métodos de cozedura não foram significativas. Esta diminuição do teor de gordura pode ser atribuída ao processo de lavagem que leva à lavagem dos lípidos que se concentram na camada exterior do grão.

Cinzas

O teor de cinzas foi significativamente reduzido nas amostras cozinhadas em comparação com as amostras não cozinhadas (Quadro 4.11). Todos os métodos de cozedura diminuíram o teor de cinzas em 12,7 a 20,0% em comparação com as amostras não cozinhadas (Fig. 1). No entanto, não se registou uma diferença significativa no teor de cinzas entre os métodos de cozedura. O teor de cinzas nas variedades basmati após a cozedura foi significativamente ($P<0,05$) mais elevado, apesar de uma diminuição percentual mais elevada de 16,4 a 20,6 (Fig. 2), em comparação com as variedades grosseiras, com uma diminuição de 12,8 a 17,0 por cento, segundo os vários métodos de cozedura. Em estudos anteriores, o decréscimo percentual do teor de cinzas das variedades de arroz com a cozedura foi relatado como 10,9 por Shekib *et al.* (1985) e 11,0 a 38,0 por Matsuzaki *et al.*(1992), enquanto Khatoon e Prakash (2006) relataram um decréscimo de 20,0 a 33,0 por cento com os métodos de cozedura sob pressão e por micro-ondas, mas as diferenças entre estes métodos não foram significativas.

Fibra bruta

O teor de fibra bruta diminuiu de 8,2 a 12,2 por cento sob vários métodos de cozedura em comparação com amostras cruas (Fig. 1). No entanto, entre os vários métodos de cozedura, não foram observadas diferenças significativas no teor de fibra (Quadro 4.12). O teor de fibra nas variedades de arroz cozinhado diminuiu entre 4,4 e 13,7% em relação às amostras cruas (Fig. 2). O Pusa Basmati-I melhorado e o IRBB 60 retiveram significativamente ($P<0,05$) mais fibra do que as outras variedades após a cozedura. Shekib *et al.* (1985) registaram uma perda significativa (27,6%) na fibra bruta do arroz devido à cozedura. Ebuehi e Oyewole (2007) também observaram uma variação significativa no teor de fibra bruta das variedades de arroz após a cozedura, com uma diminuição do teor de fibra de 28,6 para 33,3%.

Proteína bruta

O teor de proteína entre os vários métodos de cozedura não diferiu significativamente (Tabela 4.12). No entanto, em comparação com as amostras cruas, diminuiu ($P<0,05$) significativamente em 3,2 a 4,9% (Fig. 1) nos métodos de cozedura sob pressão, micro-ondas e normal, mas não se registou uma diminuição significativa no método de cozedura solar. Os resultados do presente estudo são quase semelhantes aos relatados por Khatoon e Prakash (2006) e Sagum e Arcot (2000), que não registaram diferenças significativas no teor proteico do arroz entre vários métodos de cozedura. A diminuição do teor de proteínas no arroz cozinhado de várias variedades foi de 3,1 a 3,6 por cento (Fig. 2). Ambas as variedades de basmati, Taraori Basmati e Improved Pusa Basmati-

I, apresentaram um teor de proteína mais elevado (8,06 a 8,23 g/100 g) mesmo após a cozedura, em comparação com outras variedades. Do mesmo modo, a perda do teor de proteínas brutas no arroz cozinhado, em comparação com o arroz cru, foi registada como sendo de 4,2% por Shekib *et al.* (1985) e de 2 a 7% por Juliano (1993). Ebuehi e Oyewole (2007) referiram que o conteúdo proteico das variedades de arroz ofada e aroso foi afetado pela cozedura e pela imersão em água. A cozedura do arroz desnatura a proteína e a demolha resulta na solubilidade de algumas proteínas, o que leva à redução das proteínas.

5.3.3.2 Fracções de proteínas solúveis

Após o cozimento, o conteúdo de albumina na variedade Taraori Basmati, globulina em CSR 30 e HKR 127, prolamina e glutelina em Pusa Basmati-I melhorado e Taraori Basmati foram significativamente ($P<0,05$) mais altos do que em outras variedades. O cozimento diminuiu significativamente a albumina, globulina e prolamina, mas aumentou a fração de glutelina em comparação com amostras de arroz não cozido (Tabelas 4.13 e 4.14). No arroz cozido, as frações de albumina, globulina, prolamina e glutelina variaram de 4,1 a 4,3, 11,6 a 12,2, 3,0 a 3,6 e 80,5 a 81,0 por cento sob vários métodos de cozimento, contra 6,4, 14,6, 4,6 e 74,4 por cento nas amostras não cozidas. Os resultados acima indicaram que a glutelina era a fração principal, seguida da globulina e da prolamina, a fração menor, mesmo após a cozedura.

Entre os métodos de cozedura, a albumina em pressão e solar, a globulina em solar e a prolamina em normal foram significativamente ($P<0,05$) superiores aos outros métodos. No entanto, no que diz respeito ao teor de glutelina, os métodos de cozedura por micro-ondas e solar foram superiores ao normal, mas iguais ao método de cozedura por pressão. Alterações semelhantes no fracionamento da solubilidade das proteínas devido à cozedura foram relatadas por Bradbury *et al.* (1984) e Devi *et al.* (1997) no arroz. Yagoub *et al.* (2004) atribuíram a perda de albumina durante a cozedura à sua elevada suscetibilidade ao tratamento térmico, ao passo que o aumento da glutelina após a cozedura foi registado em cereais por Arbab e El Tinay (1997), Yousif (2000) e Fageer e El Tinay (2004). Ali *et al.* (2009) registaram uma diminuição significativa da globulina e da prolamina e um aumento das fracções de glutelina no milho-miúdo.

5.3.3.3 Hidratos de carbono Amido

As variedades Basmati continham comparativamente menos amido (76,90 a 79,86 g/100 g) em comparação com as variedades de arroz grosso (81,63 a 81,90 g/100 g) após a cozedura (Quadro 4.15). O teor de amido aumentou após a cozedura em 2,6 a 4,3 por cento, em comparação com o arroz cru. No entanto, os métodos de cozedura não diferiram significativamente ($P<0,05$) entre si. Os resultados do presente estudo estão de acordo com os de Marsono e Topping (1993), que registaram um aumento no teor de amido total das amostras cozinhadas no micro-ondas e na panela de arroz. Os valores mais elevados de amido nas amostras cozinhadas podem dever-se a uma melhor hidrólise do amido pela a-amilase e pela amiloglucosidase. Khatoon e Prakash (2006) observaram um aumento não significativo do teor de amido total nas amostras cozinhadas sob pressão e no micro-ondas. Também registaram um teor ligeiramente inferior de amido no arroz Basmati e Bangara Tegalu em comparação com as variedades de arroz Gowri sanna e Jeera após a cozedura.

Amilose

As variedades CSR 30 e IRBB 60 apresentaram um teor de amilose significativamente ($P<0,05$) mais elevado do que as outras variedades e a menor quantidade foi registada na variedade HKR 127 após a cozedura (Quadro 4.15). O cozimento não resultou em nenhuma mudança significativa no teor de amilose em comparação com o arroz cru. Também não foi observada nenhuma diferença significativa no teor de amilose entre os métodos de cozedura. Em estudos anteriores, Sagum e Arcot (2000) relataram que a fervura diminuiu consistentemente a amilose em todas as variedades de arroz, mas a diminuição foi significativa apenas na variedade japonica. A ligeira diminuição da quantidade de amilose na cozedura normal pode dever-se ao facto de, durante a cozedura, a amilose poder ser lixiviada dos grânulos de amido intactos, levando a uma alteração na proporção de amilose e amilopectina (Schweizer *et al.,* 1986). Sagum e Arcot (2000) também registaram um aumento não significativo no teor de amilose das variedades de arroz Doongara e Inga sob pressão comparativamente ao arroz cru. Este facto pode ser atribuído ao processo de reterogradação.

Açúcares

Todos os três tipos de açúcares (solúveis totais, redutores e não redutores) diminuíram significativamente ($P<0,05$) após a cozedura, em comparação com o arroz cru (Quadro 4.16). O decréscimo percentual foi de 29,0, 26,6, 23,9 e 24,7 para os açúcares solúveis totais, 58,1, 57,2, 55,9 e 56,6 para os açúcares redutores e 19,9, 17,2, 13,9 e 15,6 para os açúcares não redutores nos métodos de cozedura normal, sob pressão, por micro-ondas e solar, respetivamente. Esta diminuição do teor de açúcares pode dever-se à lavagem e demolha do arroz antes da cozedura, que se deve principalmente à difusão dos açúcares depois de serem solubilizados (Jacorzymski *et al.,* 1981; Jood *et al.,* 1986; Akinyele e Akinlosotu, 1991). Após a cozedura, os açúcares solúveis totais e os açúcares não redutores foram significativamente mais elevados na variedade Taraori Basmati em comparação com todas as outras variedades. Além disso, uma outra variedade de basmati, a Improved Pusa Basmati-I, foi significativamente superior às outras variedades. No entanto, no que respeita aos açúcares redutores, a variedade HKR 47 foi significativamente superior às outras variedades. A variação no teor de açúcares das variedades de arroz foi já referida por muitos trabalhadores (Raghavaiah e Kaul,

1970; Chakrabarthy *et al.*, 1972; Singh *et al.*, 1998; Deka, 1998 e Singh, 2005). Estas variações podem dever-se a diferenças na composição genética das variedades, às condições agro-climáticas em que são cultivadas e às técnicas de transformação.

5.3.3.4 Digestibilidade proteica *in vitro*

A digestibilidade proteica *in vitro* do arroz (Tabela 4.17) foi significativamente (P<0,05) aumentada pelos métodos de cozedura (81,87 a 86,60%) em relação às amostras cruas (68,45%). Numa base média, o aumento percentual foi de 19,6, 23,9, 22,7 e 26,5 (Fig. 3) nos métodos de cozedura normal, sob pressão, por micro-ondas e solar, em comparação com as amostras cruas. A digestibilidade proteica *in vitro não diferiu* significativamente nos métodos de cozedura sob pressão e solar. Além disso, o micro-ondas foi igual aos métodos de cozedura normal e à pressão. O Pusa Basmati-I melhorado apresentou uma digestibilidade proteica *in vitro* significativamente (P<0,05) mais elevada (89,70%) após a cozedura, exceto o Taroari Basmati (88,20%), que também foi significativamente superior às outras variedades, exceto o HKR 47. Em estudos anteriores, Khatoon e Prakash (2006) registaram uma percentagem de digestibilidade proteica in vitro entre 82,1 e 91,0 em amostras cozinhadas sob pressão e entre 80,0 e 90,8 em amostras cozinhadas no micro-ondas. Também observaram uma maior digestibilidade nas variedades de arroz aromático em comparação com o arroz não aromático e nas amostras cozinhadas sob pressão em comparação com o método de micro-ondas, embora não de forma significativa. Sagum e Arcot (2000) também registaram uma digestibilidade melhorada das variedades de arroz na cozedura (76,5 a 80,5%) e na cozedura sob pressão (90,9 a 92,2%). Deka (1998) registou um aumento de 16,6 a 25,4% na digestibilidade das proteínas das variedades de arroz após a cozedura. O aumento da digestibilidade das proteínas pode ser atribuído à inativação dos inibidores de proteinases e à abertura da estrutura das proteínas através da desnaturação durante o aquecimento. A baixa digestibilidade proteica *in vitro* observada nas amostras cozinhadas no micro-ondas e nas amostras cozinhadas normalmente pode dever-se a um tratamento térmico severo prolongado em comparação com os métodos de cozedura sob pressão e solar.

5.3.3.5 Digestibilidade *in vitro* do amido

A digestibilidade *in vitro* do amido do arroz cozinhado (Quadro 4.17) variou entre 90,60 e 92,14% sob vários métodos de cozedura, o que foi 95,2 a 98,5% (Fig. 3) mais elevado do que o arroz cru (46,42%). No entanto, a digestibilidade *in vitro* do amido não diferiu significativamente entre os métodos de cozedura. O HKR 47, o Taraori Basmati e o Pusa Basmati-I melhorado eram quase semelhantes (92,52 a 93,22%) e tinham uma digestibilidade *in vitro* do amido significativamente (P<0,05) mais elevada após a cozedura do que as outras variedades (89,35 a 90,67%). Os resultados do presente estudo estão de acordo com os relatados anteriormente por Khatoon e Prakash

(2006). Estes autores registaram uma percentagem de digestibilidade *in vitro* do amido entre 92,9 e 93,8 na cozedura sob pressão e entre 93,1 e 93,9 no método de cozedura por micro-ondas e as diferenças em ambos os métodos não foram significativas, mas aumentaram a digestibilidade do amido duas vezes em comparação com amostras não cozinhadas. No entanto, Sagum e Arcot (2000) registaram valores mais baixos de digestibilidade do amido nas variedades de arroz Doongara, Inga e Japonica em amostras de arroz cru, cozido e cozinhado sob pressão, com um aumento da digestibilidade após a cozedura na ordem das 2,1 a 2,5 vezes das amostras não cozidas. Devi e Geervani (2000) registaram um aumento de mais de três vezes na digestibilidade do amido com a cozedura de variedades de arroz de Andhra Pradesh. A digestibilidade do amido é influenciada por propriedades físico-químicas como a temperatura de gelatinização, o tempo de cozedura, a consistência amilográfica e a expansão do volume após a cozedura, bem como a extensão da reterogradação da amilose e a formação de amido resistente (Dreher *et al.,* 1986; Devi e Geervani, 2000). Durante a cozedura, os grânulos de amido são gelatinizados e parcialmente solubilizados, ficando disponíveis para as enzimas digestivas, aumentando assim a digestibilidade do amido. Socorro *et al.* (1989) referiram que o aquecimento aumenta consideravelmente a suscetibilidade à a-amilólise de cada amido testado.

5.3.3.6 Total de minerais

A cozedura provocou uma diminuição significativa ($P<0,05$) do teor de cálcio, fósforo, magnésio, ferro e zinco em comparação com amostras não cozinhadas (Quadros 4.18 e 4.19). O decréscimo percentual variou de 16,7 a 22,2 para o cálcio, 24,7 a 29,2 para o fósforo, 11,2 a 15,0 para o magnésio, 23,2 a 31,2 para o ferro e 12,5 a 15,3 para o zinco, sob vários métodos de cozedura (Fig. 4). No entanto, entre os métodos de cozedura, as diferenças não foram significativas para os teores de cálcio, magnésio e zinco, ao passo que os teores de fósforo e ferro foram significativamente ($P<0,05$) mais baixos na cozedura normal do que nos métodos de cozedura sob pressão, micro-ondas e solar, que foram iguais entre si. Khatoon e Prakash (2006) registaram teores significativamente mais baixos de Ca (6,0 a 44,0%), P (24,0 a 44,0%) e Fe (33,0 a 50,0%) em variedades de arroz após a cozedura, em comparação com amostras não cozinhadas, embora não tenha havido diferença significativa entre os métodos de cozedura por micro-ondas e por pressão. Noreen *et al.* (2009) registaram uma perda significativa do teor de P (50,2%) do arroz após a cozedura em resultado da solubilização na água, mas a perda do teor de Zn foi de 13,1% após a cozedura. Ebuehi e Oyewole (2007) registaram uma perda comparativamente menor de Ca, Fe e P e uma perda maior de Mg do que os resultados do presente estudo. As perdas registadas no estudo podem ser atribuídas ao efeito combinado da lavagem e da cozedura, uma vez que as amostras foram lavadas antes da demolha, que era um pré-requisito para a cozedura. Resultados semelhantes foram relatados por Shekib *et al.* (1985) com uma perda considerável de minerais, ou seja, 40,3, 23,1, 25,7, 39,4 por cento para Ca, P, Fe e Zn, respetivamente, como resultado da cozedura e da lixiviação de minerais durante a lavagem. Cheigh *et al.* (1982) também registaram uma perda de 22% para o Ca e o Fe devido à lavagem e cozedura do arroz. As perdas resultantes dos métodos de lavagem e cozedura utilizados na Índia foram calculadas em 75% para o Fe e 50% para o Ca e o P (Grist, 1986).

O teor de cálcio na variedade CSR 30 e HKR 47, de magnésio na HKR 127, de ferro na Taraori Basmati e de zinco na Taraori Basmati e na Improved Pusa Basmati-I foi significativamente ($P<0,05$) mais elevado do que nas outras variedades após a cozedura. O teor de fósforo na variedade Taraori Basmati e CSR 30 foi significativamente inferior ao das variedades de arroz grosso após a cozedura. Abbas *et al.* (2010) também registaram diferenças significativas no teor de minerais entre as variedades após a cozedura do arroz.

5.3.3.7 Extractibilidade dos minerais ao HCl

A extractibilidade do HCl sob vários métodos de cozedura melhorou em 19,0 a 24,1 para o cálcio, 12,7 a 17,3 para o fósforo, 13,1 a 17,8 para o magnésio, 16,2 a 19,3 para o ferro e 9,9 a 12,9 por cento para o zinco em comparação com amostras não cozinhadas (Fig. 6). A extractibilidade HCl do cálcio e do zinco não diferiu significativamente ($P<0,05$) entre os vários métodos de cozedura (Tabelas 4.20 e 4.21). A extractibilidade HCl do fósforo e do magnésio sob pressão, micro-ondas e cozedura solar e do ferro sob micro-ondas e cozedura solar foram quase semelhantes e superiores ao método normal de cozedura. A extractibilidade do HCl do cálcio na variedade HKR 47, do fósforo na HKR 127, do magnésio na HKR 47, na Taraori Basmati e na Pusa Basmati-I melhorada, do ferro na Taraori Basmati, na Pusa Basmati-I melhorada e na HKR 127, e do zinco na Taraori Basmati, na Pusa Basmati-I melhorada e na HKR 47 foi significativamente superior à das outras variedades após a cozedura. Pasrija (1998) e Negi (1999) registaram um aumento da capacidade de extração de minerais (Ca, Fe e Zn) com HCl noutras culturas, através dos métodos de cozedura sob pressão, por micro-ondas e solar, em comparação com amostras não cozidas. A menor capacidade de extração de minerais das amostras cruas pode dever-se ao facto de os minerais estarem geralmente ligados ao ácido fítico e poderem ser reduzidos em quantidades apreciáveis por diferentes métodos de cozedura (Noreen *et al.*, 2009). De acordo com Gasim *et al.* (2008), a redução do nível de ácido fítico por cozedura foi eficaz para melhorar a extractibilidade de HCl dos minerais.

CAPÍTULO - 6

RESUMO E CONCLUSÃO

A presente investigação foi conduzida para avaliar seis variedades, nomeadamente Improved Pusa Basmati-I, Taraori Basmati (HBC 19) e CSR 30 de basmati e HKR 47, HKR 127 e IRBB 60 de arroz grosso, quanto às suas propriedades físicas e composição nutricional. As variedades foram cozinhadas com métodos de cozedura normais, de pressão, de micro-ondas e solares e foram avaliadas quanto às suas características de cozedura, atributos sensoriais e composição nutricional. Os resultados estão resumidos a seguir:

As características físicas das variedades de arroz indicaram que o comprimento do grão foi significativamente (P<0,05) maior no Pusa Basmati-I melhorado (8,05 mm) e no Taraori Basmati (7,96 mm) e a largura nas variedades grossas (2,07 a 2,14 mm), enquanto que a espessura do grão foi mínima no Pusa Basmati-I melhorado (1,52 mm) do que nas outras variedades. O rácio L/B do basmati (4,13 a 4,57) foi significativamente (P<0,05) superior ao das variedades grosseiras (3,19 a 3,30). O peso de cem sementes variou de 1,73 a 1,77 g nas variedades de arroz basmati e de 1,80 a 1,88 g nas variedades de arroz grosso. O volume das sementes variou de 1,13 a 1,30 ml/100 sementes nas variedades de arroz. A capacidade de inchamento das variedades de arroz grosso foi significativamente (P<0,05) superior à das variedades de arroz basmati, enquanto que as variedades HKR 127 e HKR 47 apresentaram uma capacidade de hidratação significativamente superior à de todas as variedades, exceto a Taraori Basmati. A variedade IRBB 60 teve uma densidade aparente significativamente mais elevada (0,815 g/ml), exceto a CSR 30, enquanto que a Taraori Basmati e a Improved Pusa Basmati-I tiveram uma densidade real significativamente mais elevada (1,51 a 1,54 g/ml) e porosidade (48,48 a 49,22) do que as outras variedades.

O teor de humidade das amostras não cozidas de variedades grosseiras (11,48 a 12,02 g/100 g) foi significativamente (P<0,05) mais elevado do que o das variedades basmati (10,55 a 10,97 g/100 g); após a cozedura aumentou e variou de 68,43 a 70,20 e 67,15 a 67,82 g/100 g, respetivamente. A HKR 47 tinha um teor de gordura significativamente (P<0,05) mais elevado (0,90 g/100 g) do que as outras variedades (0,63 a 0,82 g/100 g). Após a cozedura, a perda percentual do teor de gordura foi de 22,5 a 25,6 no basmati e de 30,0 a 30,9 nas variedades grosseiras. As variedades de basmati não cozinhadas tinham um teor de cinzas significativamente mais elevado (0,60 a 0,63 g/100 g) do que as variedades grosseiras (0,47 a 0,53 g/100 g); após a cozedura, diminuiu e variou de 0,49 a 0,51 no basmati e de 0,41 a 0,44 g/100 g nas variedades grosseiras. O teor de fibra bruta variou de 0,45 a 0,54 g/100 g em cru e diminuiu para 0,41 a 0,47 g/100 g em amostras cozinhadas, com valor máximo em Improved Pusa Basmati-I e IRBB 60. O Pusa Basmati-I melhorado (8,53 g/100 g) e o Taraori Basmati (8,33 g/100 g) apresentaram teores de proteína significativamente (P<0,05) mais elevados do que as outras variedades e, após cozedura, diminuíram para 8,23 e 8,06 g/100 g, respetivamente.

O teor de albumina na variedade Taraori Basmati; globulina na CSR 30, HKR 127 e Pusa Basmati-I melhorada; e prolamina na Taraori Basmati e Pusa Basmati-I melhorada foram significativamente (P<0,05) superiores às outras variedades. O conteúdo de glutelina em amostras não cozidas foi significativamente maior nas variedades basmati (4,25 a 4,84 g/100 g) do que nas variedades grossas 3,54 a 3,70 g/100 g. As fracções proteicas albumina, globulina, prolamina e glutelina variaram de 5,62 a 6,99, 12,9 a 16,0, 4,27 a 5,15 e 72,4 a 77,2 por cento, respetivamente, em amostras não cozidas de diferentes variedades de arroz. Mas após a cozedura, a quantidade destas fracções alterou-se e variou de 3,67 a 4,56, 10,27 a 12,85, 3,06 a 3,50 e 79,49 a 82,99 por cento, respetivamente.

O teor de amido das variedades grossas e basmati variou de 78,60 a 79,05 e 74,48 a 77,23 g/100 g em amostras de arroz cru e de 81,63 a 81,90 e 76,90 a 79,86 g/100 g em amostras de arroz cozido, respetivamente. Após a cozedura, as variedades Improved Pusa Basmati-I e Taraori Basmati continham menos amido do que as variedades grosseiras. A variedade CSR 30 tinha um teor de amilose significativamente (P<0,05) mais elevado do que as outras variedades, exceto a IRBB 60. Por outro lado, a variedade HKR 127 apresentou o teor de amilose significativamente mais baixo do que as outras variedades, tanto em amostras de arroz cru como cozinhado. As variedades Taraori Basmati e Improved Pusa Basmati-I tinham significativamente (P<0,05) mais açúcares solúveis totais e açúcares não redutores no arroz cru, mas após a cozedura os teores destes açúcares eram significativamente mais elevados no Taraori Basmati do que nas outras variedades. No entanto, o teor de açúcares redutores, tanto em amostras cruas como cozinhadas, foi significativamente mais elevado no HKR 47 e mais baixo no HKR 127, quando comparado com outras variedades.

A digestibilidade proteica in vitro do arroz cru foi significativamente (P<0,05) mais elevada na variedade CSR 30 (75,7%) do que nas outras variedades, exceto no Pusa Basmati-I melhorado (72,8%). A digestibilidade proteica *in vitro após a* cozedura foi significativamente melhorada e foi a mais elevada no Pusa Basmati-I melhorado (89,7%) do que nas outras variedades, exceto no Taraori Basmati (88,2%). A variedade HKR 47 teve uma digestibilidade in *vitro* do amido significativamente (P<0,05) mais elevada (50,03%) no arroz cru do que as outras variedades, mas após a cozedura o HKR 47 e o Improved Pusa Basmati-I tiveram uma digestibilidade *in vitro* do amido quase semelhante (92,52 a 93,22%).

As variedades diferiram significativamente no que diz respeito ao conteúdo total de cálcio, fósforo, magnésio, ferro e zinco e os seus valores variaram de 14,85 a 16,65, 165,44 a 174,08, 46,91 a 52,24, 2,17 a 2,57 e 1,30 a 1,59 mg/100 g, respetivamente. O teor de cálcio (16,65 mg/100 g) foi significativamente (P<0,05)

mais elevado no HKR 47, enquanto os teores de fósforo e magnésio nas variedades grosseiras, nomeadamente HKR 127 e HKR 47, quando comparados com outras variedades. O Taraori Basmati tinha um teor de ferro significativamente (P<0,05) mais elevado (2,57 mg/100 g); tanto o Taraori Basmati (1,59 mg/100 g) como o Improved Pusa Basmati-I (1,55 mg/100 g) continham teores de zinco significativamente (P<0,05) mais elevados do que as outras variedades. Após a cozedura, o teor de cálcio no CSR 30 e no HKR 47, de magnésio no HKR 127, de ferro no Taraori Basmati e de zinco no Taraori Basmati e no Pusa Basmati-I melhorado foram significativamente (P<0,05) superiores aos das outras variedades. No entanto, as variedades grosseiras tinham um teor de fósforo significativamente mais elevado do que as variedades basmati, nomeadamente a Taraori Basmati e a CSR 30.

No arroz cru, a extractibilidade HCl do cálcio no HKR 47 (41,23%) e do fósforo nas variedades grossas (54,18 a 56,60%) foi significativamente (P<0,05) superior à das outras variedades. A extractibilidade do magnésio por HCl no HKR 47, no Pusa Basmati-I melhorado e no Taraori Basmati foi quase semelhante (60,56 a 61,10%) e significativamente superior à das outras variedades. O Taraori Basmati e o Pusa Basmati-I melhorado apresentaram maior extractibilidade de ferro (61,98 a 62,39%) e zinco (26,03 a 26,46%) do que as outras variedades. Após a cozedura, a extractibilidade do cálcio (50,50%) em HKR 47, magnésio (70,13 a 71,59%) em HKR 47, Taraori Basmati e Improved Pusa Basmati-I, fósforo (65,65%) em HKR 127, ferro (71.43 a 73,49%) em Taraori Basmati, Improved Pusa Basmati-I e HKR 127 e, zinco (28,74 a 29,17%) em Taraori Basmati, Improved Pusa Basmati-I e HKR 47 foram mais elevados do que noutras variedades.

As variedades de Basmati necessitaram de um tempo de cozedura significativamente menor (P<0,05) do que as variedades de arroz grosso nos métodos de cozedura normal, micro-ondas e solar, enquanto que no método de cozedura sob pressão não se registaram diferenças significativas no tempo de cozedura entre as variedades. O Pusa Basmati-I melhorado e o Taraori Basmati apresentaram um rácio de alongamento significativamente (P<0,05) mais elevado do que as outras variedades quando cozinhadas com diferentes métodos de cozedura, enquanto que o rácio de expansão do volume das variedades grosseiras (3,82 a 4,62) foi significativamente (P<0,05) mais elevado do que o das variedades basmati (3,14 a 3,78). A variedade Taraori Basmati apresentou a menor taxa de expansão de volume do que as outras variedades de basmati. Em todos os métodos de cozedura, as variedades grosseiras apresentaram um rácio de absorção de água significativamente (P<0,05) superior (2,62 a 3,16) ao das variedades basmati (2,18 a 2,83).

As variedades diferiram significativamente em todos os parâmetros sensoriais. O Taraori Basmati e o Pusa Basmati-I melhorado foram significativamente superiores às outras variedades em todos os parâmetros sensoriais, exceto na aceitabilidade global, em que o Taraori Basmati teve uma pontuação média significativamente mais elevada (P<0,05) (8,0) do que todas as outras variedades (6,39 a 7,88).

O tempo de cozedura foi de 16,3, 6,2, 14,0 e 48,9 minutos nos métodos de cozedura normal, pressão, micro-ondas e solar, respetivamente. O arroz cozinhado sob pressão apresentou o rácio de alongamento e expansão de volume significativamente mais elevado do que o arroz cozinhado por outros métodos de cozedura, enquanto as amostras cozinhadas no micro-ondas apresentaram o rácio de expansão de volume mais baixo. A absorção de água foi mais baixa no arroz cozinhado por energia solar e máxima nas amostras de arroz cozinhado por micro-ondas.

No que diz respeito às características sensoriais, os métodos de cozedura diferiram significativamente em todos os atributos, exceto na cor. As amostras cozinhadas no micro-ondas tiveram pontuações significativamente mais elevadas (P<0,05) para a textura, o sabor e a aceitabilidade global do que todos os outros métodos. No entanto, no que respeita ao aspeto, a cozedura solar foi a par. A pontuação mais elevada para o aroma foi observada no arroz cozinhado ao sol e não diferiu significativamente quando o arroz foi cozinhado pelos métodos de pressão e micro-ondas. No entanto, o arroz cozinhado pelos métodos de cozedura solar e de pressão não diferiu significativamente em todos os atributos sensoriais.

Os teores de gordura, cinzas, fibra bruta e proteína bruta no arroz diminuíram significativamente (P<0,05) quando cozinhado e a diminuição variou de 20,8 a 33,8, 12,7 a 20,0, 8,2 a 12,2 e 1,7 a 4,9 por cento sob diferentes métodos de cozedura em relação ao controlo cru, respetivamente. O teor de proteínas brutas no arroz cozinhado por energia solar foi quase o mesmo que no arroz cru. Os teores de humidade e gordura nas amostras de arroz cozido diferiram significativamente (P<0,05) entre os métodos de cozedura, enquanto que os teores de cinzas, fibra bruta e proteína bruta não diferiram significativamente. O teor de humidade das amostras de arroz cozinhado foi significativamente (P<0,05) mais baixo nos métodos de cozedura por micro-ondas e mais alto nos métodos de cozedura normais quando comparados com os métodos de cozedura por pressão e solar. A diminuição do teor de gordura nas amostras cozinhadas foi significativamente menor nos métodos de cozedura por micro-ondas e solar, em comparação com os métodos de cozedura normal e sob pressão.

As proteínas solúveis (albumina, globulina e prolamina) diminuíram significativamente, ao passo que a fração de glutelina aumentou no arroz cozinhado após a cozedura por todos os métodos. O arroz cozinhado sob pressão, por micro-ondas e por energia solar tinha fracções de albumina e prolamina quase semelhantes, ao passo que a globulina era significativamente mais elevada nas amostras cozinhadas por energia solar. As fracções de glutelina não diferiram significativamente entre as amostras de arroz cozinhadas à pressão, por micro-ondas e por energia solar.

O teor de amido após a cozedura aumentou significativamente e variou entre 79,32 e 80,64 g/100g em comparação com o arroz cru (77,35 g/100 g). No entanto, não foram observadas diferenças significativas no teor de amido do arroz cozinhado entre os diferentes métodos de cozedura. O teor de amilose no arroz cozido não foi influenciado significativamente por nenhum dos métodos de cozedura em comparação com as amostras cruas. Os açúcares solúveis totais, redutores e não redutores nas amostras de arroz cozinhado apresentaram uma diminuição significativa após a cozedura, em comparação com as amostras cruas. As amostras cozinhadas no micro-ondas tinham açúcares solúveis totais e açúcares não redutores significativamente mais elevados do que as amostras de arroz normal e cozinhado à pressão, mas eram quase semelhantes às amostras cozinhadas ao sol. Por outro lado, os açúcares redutores eram quase iguais no arroz cozinhado no micro-ondas, no sol e sob pressão.

A digestibilidade *in vitro* das proteínas e do amido do arroz melhorou significativamente ($P<0,05$) após a cozedura. A digestibilidade *in vitro das* proteínas aumentou de 19,6 a 26,5%, enquanto a digestibilidade do amido melhorou duas vezes no arroz cozinhado por vários métodos de cozedura, em comparação com a digestibilidade do arroz cru. O arroz cozinhado ao sol e sob pressão apresentou uma digestibilidade proteica *in vitro* significativamente mais elevada ($P<0,05$) do que as amostras cozinhadas normais, ao passo que a digestibilidade do amido do arroz cozinhado não diferiu significativamente entre os vários métodos de cozedura.

Os teores totais de minerais (cálcio, fósforo, magnésio, ferro e zinco) no arroz diminuíram ($P<0,05$) significativamente após a cozedura por todos os métodos, enquanto a capacidade de extração de minerais por HCl no arroz cozinhado aumentou significativamente em comparação com o arroz cru. A diminuição percentual do total de cálcio, fósforo, magnésio, ferro e zinco variou de 16,7 a 22,2, 24,7 a 29,2, 11,2 a 15,0, 23,2 a 31,2 e 12,5 a 15,3, mas a sua capacidade de extração de HCl aumentou de 19,0 a 24,1, 12,7 a 17,3, 13,1 a 17,8, 16,2 a 19,3 e 9,9 a 12,9 por cento quando o arroz foi cozinhado por vários métodos em comparação com amostras cruas, respetivamente. As diferenças entre os vários métodos de cozedura não foram significativas para os teores de cálcio, magnésio e zinco, bem como para a capacidade de extração de cálcio e zinco pelo HCl. As amostras de arroz cozinhado normal apresentaram teores de fósforo e ferro significativamente ($P<0,05$) mais baixos do que o arroz cozinhado por outros métodos, que não diferiram significativamente entre si. As amostras de arroz cozinhado sob pressão, por micro-ondas e por energia solar apresentaram uma capacidade de extração de fósforo e magnésio por HCl semelhante, ao passo que a capacidade de extração de ferro por HCl foi significativamente mais elevada nas amostras de arroz cozinhado por energia solar do que nas amostras de arroz cozinhado por pressão e normal.

Pode concluir-se do presente estudo que as variedades de Basmati Improved Pusa Basmati-I e Taroari Basmati foram significativamente superiores às outras variedades no que se refere à relação L/B, à densidade verdadeira, à porosidade, ao teor de proteínas e à sua digestibilidade *in vitro*, aos açúcares solúveis totais, aos açúcares não redutores, aos teores de ferro e zinco e à sua capacidade de extração com HCl e à fração de glutelina das proteínas. Estas duas variedades também foram consideradas superiores nas características culinárias e sensoriais. Todos os métodos de cozedura, nomeadamente a cozedura normal, a cozedura sob pressão, a cozedura por micro-ondas e a cozedura solar, melhoraram significativamente a digestibilidade *in vitro das* proteínas e do amido, a capacidade de extração de minerais por HCl, o amido e a fração proteica da glutelina nas seis variedades de arroz, em comparação com as amostras cruas.

Na maioria dos parâmetros nutricionais, todos os métodos de cozedura eram quase semelhantes. No entanto, o método normal de cozedura apresentou uma menor digestibilidade das proteínas e uma menor capacidade de extração de minerais com HCl, em comparação com os métodos de cozedura solar, de pressão e de micro-ondas. De entre os vários métodos, o arroz cozinhado na panela de pressão exigiu menos tempo e teve um rácio de alongamento mais elevado, ao passo que o arroz cozinhado no micro-ondas teve um rácio de expansão de volume menor e melhores atributos sensoriais. Os consumidores preferem uma maior taxa de alongamento e uma menor taxa de expansão do volume do arroz cozinhado. Tendo em conta estes resultados, pode concluir-se que os métodos de cozedura por pressão, micro-ondas e energia solar têm as suas vantagens distintas, pelo que qualquer um destes métodos pode ser utilizado para a cozedura de arroz, de acordo com a preferência dos consumidores e a disponibilidade de tempo e recursos energéticos.

BIBLIOGRAFIA

Abbas, A., Farooq, M., Nisar, M.F., Rafique, S., Komal, T. e Naeem, S. 2010. Efeito da fervura no conteúdo mineral do arroz. *World Appl. Sci. J.* **10** (9): 1038-1041.

Abulude, F.O. 2004. Efeito do processamento na composição nutricional, fitato e propriedades funcionais da farinha de arroz *(Oryza sativa* L.). *Nig. Food J.* **22**: 97-108.

Ahmed, S.A., Borua, I. e Das, D. 1998. Composição química do arroz perfumado. *Oryza* **35** (2): 167-169.

Akinyele, I.O. e Akinlosotu, A. 1991. Efeito da demolha, descasque e fermentação nos oligossacáridos e no teor de nutrientes do feijão-frade *(Vigna unguiculata). Food Chem.* **41**: 43-53.

Ali, M.A.M., El Tinay, A.H., Mohamed, I.A. e Babiker, E.E. 2009. Suplementação e cozedura de milho-miúdo: Alterações nas fracções proteicas e na qualidade sensorial. *World J. Dairy Food Sci.* **4** (1): 41-45.

Anjum, F.M., Pasha, I., Bugti, M.A. e Butt, M.S. 2007. Composição mineral de diferentes variedades de arroz e das suas fracções de moagem. *Pak. J. Agri. Sci.* **44** (2): 332-336.

AOAC. 2000. Official Methods of Analysis, 17ª edição. Association of the Official Analytical Chemists, Washington D.C, EUA.

Arai, E. e Watanabe, M. 1994. Gelatinização do amido como fator que afecta a qualidade do arroz cozido. *J. Applied Glycoacience* **41** (2): 193-196.

Arbab, M.E. e El Tinay, A.H. 1997. Efeito da cozedura e do tratamento com bissulfato de sódio ou ácido ascórbico na digestibilidade *in vitro* de duas cultivares de sorgo. *Food Chem.* **59**: 339-343.

Arias, M.T.G., Pontes, E.A., Fernandez, M.C.G. e Muniz, F.J.S. 2003. Congelação/descongelação/fritura de filetes de sardinha. Influência do descongelamento lento e rápido na qualidade da proteína. *J. Sci. FoodAgric.* **83**: 602-608.

Awan, I.A. 1996. Caracterização física e bioquímica de algumas das variedades de arroz do Paquistão. Tese de Mestrado (Hons.), Departamento de Tecnologia Alimentar, Univ. Agric. Fsd.

Basak, S., Tyagi, R.S. e Srivastava, K.N. 2002. Biochemical characterization of aromatic and non-aromatic rice cultivars (Caracterização bioquímica de cultivares de arroz aromático e não aromático). *J. Food Sci. Technol.* **39** (1): 55-58.

Begum, M. e Bhattacharyya, R. 2000. Teor de gordura em variedades de arroz Assam cru e cozinhado. *J. Food Sci. Technol.* **37** (1): 58-60.

Bhattacharjee, P. e Kulkarni, P.R. 2000. A comparative study on the physical characteristics and cooking quality parameters of commercial brands of basmati rice. *Int. J. Food Sci. Nutr.* **51**: 295-299.

Bhattacharjee, P., Singhal, R.S. e Kulkarni, P.R. 2002. Basmati rice: a review. *Int. J. Food Sci. Technol.* **37**: 1-12.

Bhattacharya, K.R., Sowbhagya, C.M. e Swamy, I.Y.M. 1972. Some physical properties of paddy and rice and their interrelations. *J. Sci. Food Agric.* **23**: 171-186.

Bhonsle, S.J. e Krishnan, S. 2010. Avaliação da qualidade dos grãos e análise organoléptica de variedades de arroz aromático de Goa, Índia. *J. Agric. Sci.* *2* (3): 99107.

Bhonsle, S.J e Krishnan, S. 2011. Variedades de arroz tolerantes ao sal tradicionalmente cultivadas em terras khazan de Goa, Índia e suas características de qualidade de grão. *J. Phytol.* **3** (2): 11-17.

Bradbury, J.H., Collins, J.G. e Pyliotis, A.N. 1984. Digestibilidade das proteínas dos componentes histológicos do arroz cozido e cru. *British J. Nutr.* **52**: 507-513.

Cameron, D.K. e Wang, Y.J. 2005. Uma melhor compreensão dos factores que afectam a dureza e a viscosidade do arroz de grão longo. *Cereal Chem.* **82** (2): 113-119.

Cameron, D.K., Wang, Y.J. e Moldenhauer, K.A. 2008. Comparação das propriedades físicas e químicas de cultivares de arroz de grão médio cultivadas na Califórnia e no Arkansas. *J. Food Sci.* **73** (2): C72-C78.

Cerning, J. e Guilhot, J. 1973. Alterações na composição de hidratos de carbono durante a maturação do grão de trigo e de cevada. *Cereal Chem.* **50**: 220-222.

Chakrabarthy, T.K., Dwarkanath, K.R. e Bhatt, P.B. 1972. Estudos sobre as propriedades físico-químicas de algumas variedades de arroz. *J. Food Sci. Technol.* **9**: 140-143.

Champagne, E.T., Bett-Graber, K.L., McClung, A.M. e Bergman, C. 2004. Características sensoriais de diversas cultivares de arroz influenciadas por factores genéticos e ambientais. *Cereal Chem.* **81** (2): 237-243.

Chompreeda, P.T. e Fields, M.L. 1984. Effect of heat and fermentation on the extractability of minerals from soybean meal and corn meal blends. *J. Food Sci.* **49**: 566-568.

Cheigh, H.S., Ryu, J.H., Jo, J.S. e Kwon, T.W. 1982. Perdas nutricionais durante a lavagem e cozedura do arroz. *Grains Journal* **6**: 36-42.

Chen, P.S., Tosibara, T.Y. e Warner, H. 1956. Microdeterminação de fósforo. *Anal. Chem.* **28**: 1756-1759.

Clegg, K.M. 1956. A aplicação do reagente de antrona à estimativa do amido em cereais. *J. Sci. Food Chem. Agric.* **7**: 40-44.

Deka, S.C. 1998. Estudos sobre o valor nutritivo comparativo de diferentes genótipos de arroz basmati *(Oryza sativa* L.). Tese de doutoramento, CCS Haryana Agricultural University, Hisar, Índia.

Devi K. e Geervani P. 2000. Processamento do arroz - Efeito nos componentes da fibra alimentar e na digestibilidade *in vitro* do amido. *J. Food Sci. Technol.* **37** (3): 315-318.

Devi, K., Geervani, P. e Sumathi, S. 1997. Alterações na solubilidade e digestibilidade *in vitro* das proteínas do arroz sujeitas a processamento térmico. *J. Food Sci. Technol.* **34** (4): 345-347.

Dipti, S.S., Hossain, S.T., Bari M.N. e Kabir, K.A. 2002. Propriedades físico-químicas e de cozedura de algumas variedades de arroz fino. *Pakistan J. Nutr.* **1** (4): 188-190.

Dreher, M.L., Dreher, C.J. e Berry, J.W. 1986. Digestibilidade do amido dos alimentos: uma perspetiva nutricional. *CRC Critical Reviews in Food Sci. and Nutr.* **20**: 47-69.

DRR, 2000. Relatório final 1994-1999. Melhoramento genético do arroz de qualidade para maior produtividade e exportação. Hyderabad. DRR pp 147.

Ebuehi, O.A.T. e Oyewole, A. C. 2007. Efeito da cozedura e da demolha nas características físicas, composição nutricional e avaliação sensorial de variedades de arroz indígenas e estrangeiras na Nigéria. *African J. Biotech.* **6** (8): 1016-1020.

Eggum, B.D., Satoh, H. e Juliano, B.O. 1994. Avaliação da qualidade proteica do arroz cozido de mutantes proteicos em ratos em crescimento. *Cereal Chem.* **71**: 199.

Fageer, A.S.M. e El Tinay, A.H. 2004. Efeito do genótipo, do pré-tratamento do malte e da cozedura na digestibilidade proteica *in vitro* e nas fracções proteicas do milho. *Food Chem.* **84**: 613-619.

FAO, 2011. Monitor do mercado do arroz da FAO. 14 (2): 1-35.

Firmin, A. 1991. Características de qualidade de quinze variedades de arroz cultivadas na Costa do Marfim. *Food Chem.* **39**: 357-362.

Gasim, A.E., Yagoub, M.A., Mohammed, A.A. e Baker, A. 2008. Effect of soaking, sprouting and cooking on chemical composition, bioavailability of minerals and *in vitro* protein digestibility of Roselle *(Hibiscus sabdariffa* L.) seed. *Pakistan J. Nutr.* **7** (1): 50-56.

Goyal, K.C. e Sharma, M.L. 1998. Electrophoretic pattern and quality characteristics of some seed varieties of Indian rice *(Oryza sativa* L.). *Physiol. Mol. Plants.* **4**: 91-92.

Grist, D.H. 1986. Rice (6ª edição). Singapura, Longman Singapore Publishers. 599 pp.

Gurpreet, K.S. e Sogi, D.S. 2007. Caracterização bioquímica das fracções proteicas do arroz. *Int. J. Food Sci. and Technol.* **42**: 1357-1362.

Hemalatha, S., Platel, K. e Srinivasan, K. 2007. Teores de zinco e ferro e sua bioacessibilidade em cereais e leguminosas consumidos na Índia. *Food Chem.* **102**: 1328-1336.

Hirannaiah, B.V., Bhashyam, M.K. e Ali, S.Z. 2001. Um teste de qualidade de cozedura melhorado para o arroz basmati. *J. Food Sci. Technol.* **38** (2): 116-119.

Hsieh, F., Grenus, K.M., Hu, L. e Huff, H.E. 1993. Extrusão de rosca dupla de farinha de arroz com sal e açúcar. *Cereal Chem.* **70**: 493-498.

Jacorzymski, B., Filutowicz, H. e Wronowski, S. 1981. O efeito da cozedura nos mono e oligossacáridos das sementes de leguminosas. *Ata Alimentaria Polonica* **7**: 3-11.

Jain, A. e Bhat, C.M. 1984. Aceitabilidade e conteúdo vitamínico dos alimentos afectados pela cozedura numa caçarola, panela de pressão e fogão solar. *J. Food Sci. Technol.* **21**: 227-230.

Jood, S., Mehta, U. e Singh, R. 1986. Effect of processing on available carbohydrates in legumes. *J. Agric. Food Chem.* **34**: 417-420.

Ju, Z.Y, Hettiarachchy, N.S. e Rath, N. 2001. Extração, desnaturação e propriedades hidrofóbicas das proteínas da farinha de arroz. *J. Food Sci.* **66** (2): 229232.

Juliano, B.O. 1971. Um ensaio simplificado para amilose de arroz moído. *Cereal Sci. Today* **16** (10): 334-360.

Juliano, B.O. 1990. Qualidade do grão de arroz: problemas e desafios. *Cereal Foods World* **35** (2): 245-253.

Juliano, B.O. 1992. Estrutura, química e função do grão de arroz e suas frações. *Cereal Foods World* **37**: 772-775.

Juliano, B.O. 1993. Rice in human nutrition. Roma, FAO. 162 pp.

Juliano, B.O. 1994. Polissacarídeos, proteínas e lipídeos do arroz. *In: Arroz: Chemistry and Technology. St. Paul, Minn.: Amer. Assoc of Cereal Chemists.* P 98-141.

Kamath, S., Stephen, J.K.C., Suresh, S., Barai, B.K., Sahoo, A.K., Reddy, K.R. e Bhattacharya, K.R. 2008. Basmati rice: its characteristics and identification (Arroz Basmati: suas características e identificação). *J. Sci. Food Agric.* **88**: 1821-1831.

Karim, M.A., Ali, A., Ali, S.S., Ali, L. e Majid, A. 1992. Qualidade do grão de alguns arrozes de grão médio promissores. *IRRN* **17**: 13.

Kelkar, M., Shastri, P. e Rao, B.Y. 1996. Effect of processing on *in vitro* carbohydrate digestibility of cereals and legumes. *J. Food Sci. Technol.* **33** (6): 493-497.

Khan, T.N. e Reddy, N.S 1991. Atributos de qualidade de quatro variedades de arroz. *Int. J. Food Sci. Technol.* **26** (2): 153-156.

Khatoon, N. e Prakash, J. 2006. Qualidade nutricional de variedades de arroz (*Oryza sativa*) cozinhadas no micro-ondas e sob pressão. *Food Sci. Tech. Int.* **12** (4): 297-305.

Khatoon, N. e Prakash, J. 2007. Características físico-químicas, qualidade de cozedura e atributos sensoriais de variedades de arroz cozinhado no micro-ondas. *Food Sci. Technol. Res.* **13** (1): 35-40.

Kim, M., Yang, H.Y. e Jeong, Y. 2004. Mineral contents of brown and milled rice. *J. Korean Soc. Food Sci. Nutr.* **33** (2): 443-446.

Kohlwey, W.E. 1994. Novos métodos para a avaliação da qualidade do arroz e terminologia relacionada. In: Rice Science and Technology. W.E. Marshall, Wadsworth (Eds.) Marcel Dekker, Inc., Nova Iorque. Pp. 113-137.

Kouakou, B., Albarin, G., Louise, O.A., Theodore, D.N., Youssouf, K. e Dago, G. 2008. Avaliação de algumas propriedades químicas e nutricionais dos grãos de milho, arroz e painço e das suas papas de desmame. *Pakistan J. Nutr.* *7* (6): 721-725.

Kumar, D., Singh, G. e Singh, U.S. 2003. Avaliação das características físicas do arroz aromático cultivado em diferentes locais. *J. Food Sci. Technol.* **40** (6): 660-662.

Kumari, S. e Padmavathi. 1991. Uma avaliação objetiva e sensorial da qualidade de cozedura de algumas variedades de arroz cultivadas em Andhra Pradesh. *J. Food Sci. Technol.* **28** (1): 31-34.

Liang, J., Han, B. Z., Nout, M. J. R. e Hamer, R. J. 2009. Efeito da demolha e do tratamento com fitase no ácido fítico, cálcio, ferro e zinco em fracções de arroz. *Food Chem.* **115:** 789-794.

Lindsey, W.L. e Norwell, M.A. 1969. Um novo teste de solo DPTA-TEA para zinco e ferro. *Agron. Abst.* **61**: 84.

Lunial, J. 1995. Estudos sobre identificação varietal e relação entre características de qualidade e padrão proteico em arroz *(Oryza sativa* L.). Tese de Mestrado, CCS Haryana Agricultural University, Hisar, Índia.

Magdy, A. S., Hossam, S. E., Mona, A.M. e Amera, T.M. 2010. Avaliação química de arroz integral pré-germinado e pão de arroz integral. *EJEAFChe.* **9** (3): 958-971.

Marshall, W.G. e Wordsworth, J.I. 1994. Rice Science and Technology, Nova Iorque: Marcel Dekker, Inc. 237-259.

Marsono, Y. e Topping, D.L. 1993. Complex carbohydrates in Australian rice products - influence of microwave cooking and food processing. *Lebensmittel-Wissenschaft und Technologie* **26** (4): 364-370.

Matsuzaki, A., Takano, T., Sakamoto, S. e Koboyama, T. 1992. Relação entre a qualidade alimentar e os componentes químicos do arroz branqueado e o teor de aminoácidos do arroz cozinhado. *Japanese J. Crop Sci.* **61**: 561-576.

Mertz, E.T., Kirleis, A.W. e Sxtell, J.D. 1983. *In vitro* digestibility of protein in major food cereals. *Fed. Proc.* **32** (5): 6026.

Nadaf, A.B., Krishnan, S. e Wakte, K.V. 2006. Análise histoquímica e bioquímica do principal composto aromático (2-acetil-1-pirrolina) em arroz basmati e outro arroz perfumado *(Oryza sativa* L.) *Curr. Sci.* **91**: 15331536.

Naik, M.S. 1968. Lisina e triptofano em fracções proteicas de sorgo. *Indian J. Genet.* **28**:142-144.

Negi, A. 1999. Avaliação nutricional de algumas variedades de alto rendimento de feijão-traça *(Phaseolus aconitifolius Jacq.):* Efeito do processamento doméstico e dos métodos de cozedura. Tese de Mestrado, CCSHAU, Hisar.

Noreen, N., Shah, H., Anjum, F., Masood, T. e Faisal, S. 2009. Variação da composição mineral e do teor de ácido fítico em diferentes variedades de arroz durante os processos tradicionais de cozedura em casa. *Pak. J. Life Soc. Sci.* **7** (1): 11-15.

Normita, M. e Cruz, D. 2002. Rice grain evaluation procedures (Procedimentos de avaliação da qualidade do grão de arroz). Graham R.A. Proposal for IRRI to establish a grain quality and nutrition research centre. IRRI discussion paper series No. 44 Los Banos, Philippines : International Rice Research Institute.

Oko, A.O e Onyekwere, S.C. 2010. Estudos sobre a composição química aproximada e o teor de elementos minerais de cinco novas variedades de arroz de terras baixas planeadas no estado de Ebonyi. *Int. J. Biotech. and Biochem.* **6** (6): 949955.

Osbourne, T.B. 1907. The proteins of wheat kernel. Carnegie Institute Washington Publ. 84 Judd and Detweiler: Washington DC.

Pandey, M.P., Mani, S.C., Singh, H. e Dwivedi, D.K. 2000. Current status and strategies for basmati rice production and export in U.P. In: Seminar on Basmati rice production and export in U.P. April 22, Pantnagar, Directorate of Research, G.B.Pant University of Agriculture & Technology, Pantnagar.

Panse, Y.G. e Sukhatme, P.U. 1961. Statistical methods of agricultural workers. 2ª Edn. Conselho Indiano de Investigação Agrícola, Nova Deli. pp. 12-87.

Pasrija, M. 1998. Avaliação nutricional de algumas variedades de feijão-frade colorido

(Vigna ungueculata L. Walp). Tese de Mestrado, CCS Haryana Agricultural University, Hisar, Índia.

Peterson, W.H. 1943. Elements of Food Biochemistry. Prentice Hall, Inc. Nova Iorque, 73 p.

Phirke, A.V., Chavan, J.K., Jadhav, S.J. e Salunkhe, D.K. 1982. Physical properties, chemical composition, cookability and solubilization of proteins of dry beans *(Phaseolus vulgaris* L.). *Legume Res.* **5** (2): 91-96.

Raghavaiah, P. e Kaul, A. K. 1970. Composição química, qualidade de cozedura e teor de proteínas de algumas variedades de arroz. *Indian J. Genet. Pl. Breed.* **30** (3): 738-743.

Ram, B. 2000. Aromatic rices of India. In: Seminar on basmati rice production and export in U.P. Pantnagar April 22, Directorate of Research, G.B.Pant University of Agriculture & Technology, Pantnagar.

Roth, H. e Rock, P.S. 1972. A química e a tecnologia da gordura de fritura II. Tecnologia. Baker's Digest. **46**: 42-45.

Roy, P., Ijiri, T., Okadome, H., Nei, D., Orikasa, T., Nakamura, N. e Shiina, T. 2008. Efeito das condições de processamento no consumo global de energia e na qualidade do arroz. *J. Food Eng.* **89**: 343-348. doi: 10, 1016/j.jfoodeng.2008.05.015.

Sagum, R. e Arcot, J. 2000. Efeito dos métodos de processamento doméstico no amido, nos polissacáridos não amiláceos e na digestibilidade *in vitro* do amido e das proteínas de três variedades de arroz com níveis variáveis de amilose. *Food Chem.* **70**: 107-111.

Saikia, L. e Bains, G.S. 1990. Estudos de algumas variedades de arroz de Assam para processamento e qualidade nutricional. *J. FoodSci. Technol.* **27**(5): 345-348.

Saikia, L. e Bains, G.S. 1993. Estudos de algumas variedades de arroz de Assam relativamente à cozedura, propriedades organolépticas e visco-elásticas. *J. Food Sci. Technol.* **30** (1): 40-41.

Sarkar, R.K., Nanda, B.B., Dash, A.B. e Lodh, S.B. 1994. Características do grão e qualidade culinária de variedades aromáticas e não aromáticas, longas e finas de arroz (*Oryza sativa*). *Indian J. Agric. Sci.* **64** (5): 305-309.

Schweizer, T., Reimann, S., Solms, J., Eliasson, A.C. e Asp, N.G. 1986. Influência da secagem em tambor e da cozedura por extrusão de parafuso duplo nos hidratos de carbono do trigo. II. Efeitos dos lípidos nas propriedades físicas, degradação e formação de complexos de amido na farinha de trigo. *J. Cereal Sci.* **4**: 249-260.

Shabbir, M.A. 2009. Caracterização bioquímica e tecnológica de arroz paquistanês e isolados proteicos. Tese de doutoramento, Instituto Nacional de Ciência e Tecnologia

Alimentar, Universidade de Agricultura, Faisalabad - Paquistão.

Shabbir, M.A., Anjum, F.M., Zahoor, T. e Nawaz, H. 2008. Caracterização mineral e pastosa de variedades de arroz Indica com diferentes fracções de moagem. *Int. J. Agri. Biol.* **10** (5): 556-560.

Shahidullah, S.M., Hanafi, M.M., Ashrafuzzaman, M., Ismail, M.R. e Khair, A. 2009. Diversidade genética na qualidade do grão e na nutrição do arroz aromático. *African J. Biotech.* **8** (7): 1238-1246.

Sharma, A. e Kheterpaul, N. 1997a. Natural fermentation of rice-bengal gram dhal-whey blends: Efeito sobre o valor nutritivo e a utilização. *Haryana Agric. Univ. J. Res.* **27**: 59-67.

Sharma, A. e Kheterpaul, N. 1997b. Effect of fermentation on phytic acid content and *in vitro digestibility* of starch and protein of rice-black gram dhal-whey blends. *J. Food Sci. Technol.* **34**: 20-23.

Sharma, A. e Kheterpaul, N. 1997c. Effect of fermentation with whey on the HCl extractability of minerals from rice-dehulled black gram blends. *J. Agric. Food Chem.* **45** (6): 2258-2261.

Shekib, L.A.E., Zouil, M.E., Youssef, M.M. e Mohammed, M.S. 1985. Efeito da cozedura na composição química das lentilhas, do arroz e da sua mistura (koshary). *Food Chem.* **18**: 163-168.

Shen, Y., Cai, Q. e Gao, M. 1992. Qualidade da grama de híbridos FI entre o arroz japonica 02428 de ampla compatibilidade e variedades indica. *IRRN.* **17**: 7-8.

Sidhu, J.S., Gill, M.S. e Bains, G.S. 1975. Milling of paddy in relation to yield and quality of rice of different Indian varieties (Moagem do arroz em relação ao rendimento e à qualidade do arroz de diferentes variedades indianas). *J. Agric. Food Chem.* **23**: 1183-1185.

Singh, A.P. 2005. Avaliação bioquímica de genótipos aromáticos e não aromáticos de arroz *(Oryza sativa* L.). Tese de doutoramento, CCSHAU, Hisar.

Singh N., Kaur, L., Sodhi, N.S. e Sekhon, K.S. 2005. Propriedades físico-químicas, de cozedura e texturais do arroz branqueado de diferentes cultivares de arroz indiano. *Food Chem.* **89**: 253-259.

Singh, N., Sodhi, N.S., Kaur, M. e Saxena, S.K. 2003. Propriedades físico-químicas, morfológicas, térmicas, de cozedura e texturais de grãos de arroz calcários e transleucentes. *Food Chem.* **82**: 433-439.

Singh, R.K., Khush, G.S. e Singh, U.S. 2000. Aromatic Rices 1st edition. Nova Deli, Oxford e IBH Publishing Co.

Singh, S., Dhaliwal, Y.S., Nagi, H.P.S e Kalia, M. 1998. Características de qualidade de seis variedades de arroz de Himachal Pradesh. *J. Food Sci. Technol.* ***35*** (1): 74-78.

Singh, T., Singh, S. e Shivay, T. 2005. Crescimento, rendimento e qualidade do arroz *(Oryza sativa* L.) influenciados pela variedade, data de plantação e nível de azoto. *Annals Agric. Rev.* **26** (1): 149-152.

Singh, U., Khedekar, M.S. e Jambunathan, R. 1982. Studies on *desi* and *kabuli* chickpea *(Cicer arietinum* L.) cultivars. Nível de inibidores de amilase, níveis de oligossacáridos e digestibilidade *in vitro* do amido. *J. Food Sci.* **47**: 510.

Singh, V.P. e Singh, A.K. 2002. Pusa 1121. Uma linha de arroz com alongamento excecionalmente elevado do grão cozido e qualidade Basmati. *IRRN.* **271**: 25.

Singh, V.P., Khush, G.S. e Cruz, N. dela 1997. Variabilidade dos índices de qualidade em germoplasma de arroz aromático. *IRRN.* **22**: 22-23.

Socorro, M., Benshimol, L.A. e Tovar, J. 1989. Digestibilidade *in vitro* de amidos de cereais e leguminosas por a - amilases pancreáticas bovinas, suínas e humanas. *Starch/Starke* **41**: 69-71.

Somogyi, M. 1945. Um novo reagente para a determinação do açúcar. *J. Biol. Chem.* **160**: 60-61.

Sotelo, A., Sousa, V., Montalvo, I., Hernandez, M. e Aragon, L.H. 1990. Composição química de diferentes fracções de 12 variedades mexicanas de arroz obtidas durante a moagem. *Cereal Chem.* ***67*** (2): 209-212.

Sowbhagya, C.M. e Ali, S.Z. 1991. Effect of presoaking on cooking time and texture of raw and parboiled rice. *J. Food Sci. Technol.* **28** (2): 76-80.

Steenson, D.F. e Sathe, S.K. 1995. Caracterização e digestibilidade das proteínas de armazenamento do arroz basmati *(Oryza sativa* L. var. Dehraduni). *Cereal Chem.* **72** (3): 275-280.

Sujatha, S.J., Ahmed, R. e Bhat, P.R. 2004. Propriedades físico-químicas e qualidades culinárias de duas variedades de arroz cru e parboilizado cultivadas na região costeira de Dakshina Kannada, Índia. *Food Chem.* **86**: 211-216.

Sumnu, G. 2001. Uma revisão sobre a cozedura de alimentos no micro-ondas. *Int. J. Food Sci. Tech.* **36**: 117-127.

Suriyamoorthy, S. e Pillaiyar, P. 1994. Relação do teor de casca do arroz com a dimensão e o peso do grão. *J. FoodSci. Technol.* **31** (5): 416-417.

Suwansri, S. e Meullenet, J.F. 2004. Caracterização físico-química e aceitação pelos consumidores asiáticos do arroz de jasmim aromático. *J. Food Sci.* **69** (1): 30-37.

Suwansri, S., Meullenet, J.F., Hankins, J.A. e Griffins, K. 2001. Preference mapping of Jasmine rice for the U.S. Asian consumers, B.R. Wells Rice Research Studies. *Ark Agric. Exp. Stat.* **485**: 312-321.

Swain, B.R. e Nagaraju, M. 1997. Effect of storage and ageing on certain quality indices of different rice varieties (Efeito do armazenamento e do envelhecimento em certos índices de qualidade de diferentes variedades de arroz). *Oryza* **34**: 25-27.

Takaiwa, F., Ogawa, M. e Okita, T.W. 1999. Rice glutelins. In: seed proteins. Ed. por P.R. Shewry e R. Casey. Kluwer Academic Publishers. Norwell MA, EUA.

Tran, T.U., Suzuki, K., Okhadome, H., Ikezalei, H., Homma, S. e Ohtsubo, K. 2005. Deteção de alterações no sabor do arroz integral e branqueado *(Oryza sativa* L.) japonica e indica durante o armazenamento - análise físico-química e sistema de deteção do sabor. *J. Agric. Food Chem.* **53**: 1108-1118.

Tufail, S. 1997. Qualidade culinária e alimentar de algumas cultivares de arroz. Tese de Mestrado (Hons), Dept. de Tecnologia Alimentar. Univ. de Agri. Faisalabad.

Vidal, A.A. e Asborno, M.D. 1992. Aspectos fenológicos e de qualidade de grãos de arroz *O. sativa* L. *IRRN.* **17**: 8.

Vidal, V., Pons, B., Brunnschweiler, J., Handschin, S., Rouau, X. e Mestres, C. 2007. Comportamento de cozedura do arroz em relação às propriedades físico-químicas e estruturais do grão. *J. Agric. Food Chem.* **55**: 336-346.

Villareal, C.P., Maranvill, J.W. e Juliano, B.O. 1991. Teor e retenção de nutrientes durante a moagem de arroz integral do International Rice Research Institute. *Cereal Chem.* **68**: 437.

Williams, P.C., Nakoul, H. e Singh, K.B. 1983. Relação entre o tempo de cozedura e algumas características físicas do grão-de-bico (*Cicer arietineum* L.). *J. Sci. Food Agric.* **34**: 492-496.

www.agriharyana.nic.in em 15.8.2011.

Yadav, R.B., Khatkar, B.S. e Yadav, B.S. 2007. Morphological, physicochemical and cooking properties of some Indian rice (*Oryza sativa* L.) cultivars. *J. Agric. Technol.* *3* (2): 203-210.

Yagoub, A., Gasim, A.E, Mohamed, B.E., Ahmed, A.H.R e Tinay, A.H. 2004. Estudo sobre o Furundu, uma semente de Roselle *(Hibiscus sabdariffa* L.) fermentada tradicional do Sudão: Efeito na digestibilidade proteica *in vitro*, composição química e propriedades funcionais das proteínas totais. *J. Agric Food Chem.* **52** (20): 6143-6150.

Yemm, E.W. e Willis, A.J. 1954. A estimativa de hidratos de carbono em extractos de plantas por antrona. *Biochem. J.* **57**: 508-514.

Yousif, N.E. 2000. Efeito da fermentação e da cozedura a seco após a fermentação nas fracções proteicas e na digestibilidade proteica *in vitro* do sorgo, do milho e do arroz. Tese de doutoramento, Faculdade de Agricultura, Univ. de Cartum, Sudão.

APÊNDICE - I

Escala de classificação hedónica de nove pontos

Nome---------------- -Datado de -------------

Produtos -------------

Teste estas amostras e verifique se gosta ou não de cada uma delas. Utilize a escala adequada para mostrar a sua atitude, atribuindo os pontos que melhor descrevem os seus sentimentos sobre a amostra. Uma expressão honesta dos seus sentimentos ajudar-nos-á.

Sr.No.	Colour	Appearance	Aroma	Texture	Taste	Overall acceptability	Remarks

Taxa	**Pontuação organoléptica**
Como extremamente	9
Gosto muito	8
Como moderadamente	7
Como ligeiramente	6
Nem gosto nem não gosto	5
Não gosto ligeiramente	4
Não gosto moderadamente	3
Não gosto muito	2
Não gosto muito	1

FSC
www.fsc.org
MIX
Papier aus verantwortungsvollen Quellen
Paper from responsible sources
FSC® C105338

Printed by Books on Demand GmbH, Norderstedt / Germany